变电站 7S 管理实施指南

姚若军　蒋志勇　谢建恒　晋良海　廖继庭　著

中国水利水电出版社
www.waterpub.com.cn
·北京·

内 容 提 要

本书对如何在变电站实施7S管理进行了系统介绍。首先对7S管理的起源、意义、认识误区等方面进行了系统介绍，引入相关管理理念；然后分别描述7S管理在生产现场落实的各个环节，针对要素含义、实施对象、实施步骤、注意事项及方法技巧进行讲解，同时采用图解的方式介绍具体实施案例；最后选取部分7S管理推进的典型工具进行介绍，帮助读者开展具体实施工作。以附录的形式明确了变电站运维标准化布防要求以及规定了变电站安全设施配置技术规范。

本书图文并茂，示例丰富，实用性和可操作性强，适合变电站的一线职工学习参考，也适合高等院校相关专业的师生参考。

图书在版编目（CIP）数据

变电站7S管理实施指南 / 姚若军等著. -- 北京：
中国水利水电出版社，2023.8
ISBN 978-7-5226-1768-8

Ⅰ．①变… Ⅱ．①姚… Ⅲ．①变电所－生产管理－指
南 Ⅳ．①TM63-62

中国国家版本馆CIP数据核字（2023）第164554号

书　　名	**变电站 7S 管理实施指南** BIANDIANZHAN 7S GUANLI SHISHI ZHINAN
作　　者	姚若军　蒋志勇　谢建恒　晋良海　廖继庭　著
出版发行	中国水利水电出版社 （北京市海淀区玉渊潭南路 1 号 D 座　100038） 网址：www. waterpub. com. cn E-mail：sales@mwr. gov. cn 电话：（010）68545888（营销中心）
经　　售	北京科水图书销售有限公司 电话：（010）68545874、63202643 全国各地新华书店和相关出版物销售网点
排　　版	中国水利水电出版社微机排版中心
印　　刷	北京印匠彩色印刷有限公司
规　　格	184mm×260mm　16 开本　10.75 印张　262 千字
版　　次	2023 年 8 月第 1 版　2023 年 8 月第 1 次印刷
印　　数	0001—1000 册
定　　价	**88.00 元**

前言

　　为进一步提升变电站管理的标准化水平，规范生产现场管理工作，依据有关国家标准、行业标准以及7S现场管理基本要求，推行7S管理，夯实基础管理，引导应用先进生产管理模式、引导员工干好本职工作并精益求精，从而减少浪费，提升安全、质量、效率，为变电站的高质量运行发展奠定坚实基础。为此，编写组结合110kV变电站运行管理的实际情况，组织编制了《变电站7S管理实施指南》（以下简称《指南》）。《指南》从三个部分对如何在变电站实施7S管理作了系统描述。第一部分对7S管理的起源、意义、认识误区等方面作了系统介绍，引入相关管理理念；第二部分描述了7S管理在生产现场落实的各个环节，针对要素含义、实施对象、实施步骤、注意事项及方法技巧进行讲解，同时采用图解的方式介绍具体实施案例；第三部分选取部分7S管理推进的典型工具进行介绍，帮助读者开展具体实施工作；附录A明确了变电站运维标准化布防要求，附录B规定了变电站安全设施配置的技术要求。

　　《指南》的目的是指导各变电站在推行生产现场管理上达到规范和统一，从而提升员工品质、提升站场形象、提高工作效率，为职工创造安全的工作场所、营造令人心情愉快的工作环境，不断促进人、机、环三要素和谐，进一步夯实安全生产基础。

　　《指南》可作为变电企业规范，在企业所属变电站生产现场实施，其他电力运行单位参考实施。

　　各变电站可按照《指南》部署，积极组织实施生产现场管理工作，努力优化工作环境，促进变电站安全文化的建设。

　　本指南编制单位：广西能源股份有限公司、三峡大学。

　　本指南由编制单位负责解释。

　　参编人员：姚若军、蒋志勇、谢建恒、晋良海、廖继庭。

作者

2023年7月

目录

第 1 章

7S 管 理 概 述

1.1 关于 7S 管理

1.1.1 7S 管理的起源

7S 管理起源于日本的 5S，其目的在于对生产现场人员、机器、材料、方法、信息等生产要素进行有效管理。因为整理（Seiri）、整顿（Seiton）、清扫（Seiso）、清洁（Seiketsu）、素养（Shitsuke）是日语外来词，在罗马文拼写中，第一个字母都为 S，所以日本人称之为 5S。近年来，随着人们对这一活动认识的不断深入，有人又添加了"安全（Safety）、节约（Save）、学习（Study）"等内容，分别称为 6S、7S、8S。1955 年，日本企业提出"安全始于整理整顿，终于整理整顿"的宣传口号，其目的是为了确保足够的作业空间和安全。整理（Seiri）、整顿（Seiton）的日文罗马拼音单词首字母都是 S，因此成为 2S。后来，根据生产和品质控制的需求，逐步提出后续 3S，即清扫（Seiso）、清洁（Seiketsu）、素养（Shitsuke），从而形成了系统的 5S 管理方法。日本企业将 5S 管理作为工厂管理的基础，再加上品管（QCC）活动的推行，使得第二次世界大战后工业产品质量和效益得以迅速提高，从而奠定了日本经济强国的地位，而在以丰田为代表的日本公司的倡导推行下，5S 管理对于塑造企业形象、降低成本、准时交货、安全生产、作业标准化、创造良好工作环境等方面的阶段改善作用逐渐被管理界认同，5S 逐渐成为现场管理的一种有效工具。1986 年，首部 5S 管理著作问世，使 5S 发展成为现场管理的一种理论，被当今世界大多数知名企业所使用。

20 世纪 90 年代以来，我国企业结合自身情况，对 5S 管理的内涵和适用范围进行了拓展。以海尔为代表的国内企业在 5S 现场管理的基础上，增加了"安全"（Safety）形成 6S。中国华电集团公司结合发电企业对效益的本质追求，在 6S 基础上新增加了"节约"（Save）要素，从而形成 7S 管理。

1.1.2 7S 管理的含义

整理（Seiri）：区分需要和不需要物品，工作场所只放置需要的物品。

整顿（Sciton）：定位并标识必需品，将寻找和放回必需品的时间降至最低。

清扫（Seiso）：保持环境整洁、现场完整、设备完好，提升作业质量。

清洁（Seiketsu）：将整理、整顿、清扫进行到底，维持前 3S 成果并使之制度化、规范化。

素养（Shitsuke）：通过前 4S 改善、宣传和教育，员工自觉养成遵守规章制度的良好习惯。

安全（Safety）：消除安全隐患，预防安全事故，保障员工人身安全，保证生产的连续性，减少经济损失。

节约（Save）：通过改善物品、能源、时间和人力的合理利用，消除浪费，节约成本。

以上为 7 个"S"的含义，为方便理解和记忆，用以下短句来描述 7S。

7S　短　句

整理（Seiri）：要与不要，一留一弃；

整顿（Seiton）：科学五定，取用快捷；

清扫（Seiso）：清扫点检，完好可用；

清洁（Seiketsu）：形成制度，维持提升；

素养（Shitsuke）：遵章守纪，养成习惯；

安全（Safety）：风险预控，本质安全；

节约（Save）：浪费最小，价值最大。

1.1.3　7 个"S"的关系

7 个"S"并不是各自独立、互不相关的，它们之间是相互关联、密不可分的。从图 1-1-1 可知，整理是整顿的基础，整顿是整理的巩固和深化；清扫是保持并提升整理、整顿的手段，是对整理整顿的日常检查和持续改善；清洁是保持前 3S 成果并使之制度化；素养是通过持续推行前 4S 来培养员工自律精神，使员工养成遵章守纪的好习惯，自觉开展整理、整顿、清扫、清洁活动；安全和节约既是前 5S 的改善成果，又是前 5S 的拓展和提升。概括起来说，整理、整顿、清扫是手段，清洁是动力，素养是核心，安全和

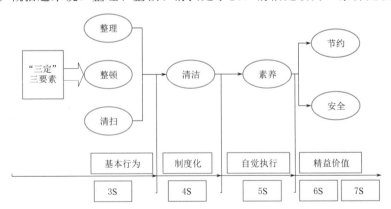

注："三定"即定点、定类、定量；三要素即场所、方法、标识。

图 1-1-1　7S 关系图

节约是目标和方向。所以，企业全面推行 7S，能够在管理上取得显著成效，不断提高管理水平，有力推动企业可持续发展、高质量发展。

1.1.4 7S 管理的关系

（1）对企业的作用。7S 管理是强化企业基础管理的一种有效手段。我们常说 7S 管理是帮助企业强身健体、增强抵抗力的一种基本功。只有练好这项基本功，增强企业的安全保障能力、成本管控能力、现场管理能力，才能改善企业的"身体素质"，企业才能在日趋激烈的市场竞争中立于不败之地。

1）使企业对管理细节更加关注。电力企业许多问题，尤其是安全问题，其原因往往都是对细节的忽视。7S 是一种关注细节、追求精细化的管理。例如在开展清扫活动时，重点是发现灰尘、脏污、异音、松动、锈蚀等微小问题，这些问题虽然不会立即引起故障，但却是污闪等电力隐患产生的源头。7S 管理关注企业那些容易被忽视的细枝末节，通过加强管理，消除现场混乱、隐患，提高员工意识和素养，防止"小疾"发展成"大病"。

2）使企业自我完善能力增强。7S 管理倡导鼓励员工及时发现工作中的不科学、不合理、不安全、不节约的问题，鼓励员工制订改善提案，提出改善措施并实施改善，调动员工参与企业管理的积极性，激发企业管理提升的内在动力，帮助企业建立自我诊断，自我修复的良性循环机制，提升企业的自我修复的良性循环机制，提升企业的自我完善能力。

3）使企业凝聚力全面提升。员工齐心协力实施 7S 改善，让优秀员工、先进团队走上台去讲述改善故事，分享改善经验；每天进入生产现场相互提醒工作是否到位，遇到问题共同商讨解决对策等。这些 7S 活动的开展，创造出了更加和谐温馨的工作氛围，使企业凝聚力和向心力得到前所未有的提升，使企业的每个细胞都充满生机和活力。

（2）对员工的改变。"人造环境，环境育人。"7S 管理是一个由外而内的过程，着眼于对环境的改造，通过改变环境，潜移默化地改变人的行为。

1）培养员工的认真精神。7S 管理能够提高员工素养，说到底是让员工革除马虎之心，养成认真的好习惯，成为做每项工作都讲究"认真"的人。

Ⅰ.按规矩办事。7S 推行了一个阶段后，员工自然而然会养成按规定办事到的习惯，这就是推行过 7S 企业的员工与没有推行过 7S 企业员工的最大差别。员工养成按规矩办事的习惯，就大大降低了企业安全生产事故的发生率。

Ⅱ.强化责任理念。7S 从整顿开始，就引入了责任的理念，明确了每项工作、每台设备、每样工具的责任人和责任要求，并使其目视化，再通过持续不断的督促、检查、落实，将责任管理理念根植到员工心中。

2）提升员工的执行力。很多时候，员工会因为有领导监督就认真工作，领导没有监督就放松要求。7S 管理帮助员工与自己不良习惯做斗争最有效的方法，使员工的执行力实现"领导在与不在一个样"，主要原因是：

Ⅰ.方便理解和实施。7S 通过形迹化、卡槽等有效的整顿措施使定置管理简便易行，通过明确的标识使工作方法一目了然，令执行变得更加简单。

Ⅱ.具有效率优势。增强执行力的一个关键要求是迅速贯彻，7S 要求在 30 秒内找到资料和工具，员工工作效率提高了，执行力也会也会相应增强。

Ⅲ. 有利于监督检查。及时有效的监督检查是增强执行力的重要保障。7S 工作要求一目了然，实施效果显而易见，易于开展监督检查工作。

3）促进员工更加热爱工作。推行过 7S 的企业都会有这样的感受，推行初期是企业推着员工往前走，后来是员工推着企业往前走。7S 使员工更加热爱工作，更加热爱岗位，主要原因是：

Ⅰ. 创造了干净整洁的工作环境，使员工心情愉悦；

Ⅱ. 作业流程更加规范、有序，提高工作效率；

Ⅲ. 员工自己动手，更加爱惜改善成果；

Ⅳ. 员工创造力得到激发，能力得到肯定认可，产生自豪感。

1.2　推行 7S 管理的意义

7S 管理是变电站标杆管理的主要抓手，是规范生产现场的有效手段。7S 管理通过实施整理、整顿、清扫、清洁、素养、安全、节约活动，能消除生产现场不利因素，达到保障安全生产、提高设备健康水平、降低生产成本、改善生产环境、鼓舞员工士气、塑造企业良好形象的目的。推行 7S 能够实现基础管理夯实强化、管理体系完善成熟、精益文化广泛厚植和关键指标持续提升。

（1）基础管理夯实强化。班组工作精简高效，员工技能显著提升，基层管理标准规范，安全风险明显下降，客户服务水平持续提升。

（2）管理体系完善成熟。管理体系与公司实际有机融合，管理策略清晰规范，关键流程协同高效，体系运转完整闭环，管控效能明显提高，核心业务流程优化率达到 80%，信息化企业全面建成。

（3）精益文化广泛厚植。精益求精理念深入普及，员工参与率大幅提升，全员持续改进、追求卓越的精益求精文化氛围浓厚。

1.3　7S 管理的认知误区

在推行 7S 过程中，可能会出现以下认知的误区：

（1）7S 活动不产生经济效益。部分企业管理者甚至个别高层管理人员存在急功近利的思想，7S 推进没多久就期待企业经济效益得到明显提升，短期内开不到效益就打退堂鼓。事实上，7S 推进初期的效果更多地体现在现场环境的改善、员工意识行为的改变和企业形象的提升上。它对企业效益的贡献需要一个长期的过程，通过改善现场环境提高安全生产水平，通过整顿和节约减少浪费降低成本，通过提高员工素养改善工作效果，通过激发员工积极性促进企业各方面管理水平的提升。因此，企业 7S 倡导者、推进者要做好打持久战的准备。

（2）7S 活动就是一场卫生运动。一些企业的员工，包括高层管理人员对 7S 的认识不足，觉得 7S 就是打扫卫生，清洁环境，所以认为 7S 很简单，在检查前突击应付一下就可以了。其实打扫只是 7S 清扫环节中的一部分工作，7S 的清扫包含扫除脏污、发现问题、进行改善三个步骤，而且在清扫之前要清楚现场的非必需品，再将它们分类定置。推进 7S 是一个由外而内、持续改善的过程，通过创造良好的环境改变人的行为习惯，通过培养员工不断改善的精神，打造追求卓越的企业文化。因此，推进 7S 活动并不是打扫卫生，更不是搞运动。7S 管理活动的开展需要不断深入，需要长期坚持。

（3）7S 活动就是扔掉非必需品。也在整理阶段，有的员工为了应付检查把原本有用的东西也扔了，让一些人认为 7S 就是扔东西。其实整理不是扔东西，而是清除非必需品，然后将有用的物品分类摆放，明确数量，将不需要的、不能用的、过量的非必需品从本岗位、现场"扔"出去。但"扔"是对本岗位、本现场而言，不是对企业而言，本岗位用不到但企业其他地方能用的的物品要退库保存，本岗位近期不用但以后为用到的可以放回库房备用。所以说整理不是简单地扔东西，需要结合工作需要认真检查判断。

（4）7S 活动就是形象工程。一些企业员工认为 7S 是企业领导的面子工程，目的只是为了树良好的企业形象。7S 不是做形象工程，是使环境变得整齐、规范、清爽，让员工有一个良好的工作环境。7S 是通过环境的规范最终促成人行为的规范。就像盖房子需要坚实的地基一样，7S 活动是现场管理的基础，最重要的作用之一就是改变人的行为习惯。很多企业规章制度已经非常完善了，但还是会出现很多问题，归根结底是员工做事不认真，规章制度执行不到位，7S 就是根治这一顽症的良药。通过 7S 活动的持续、深入开展，规范员工行为、保障安全生产、提开企业效益才是推进 7S 的最终目标。

（5）7S 活动就是靠员工的自发行动。有的企业推进 7S 管理没有结合企业实际情况，管理层没有领悟 7S 的内涵，更没有深入生产一线，只是生搬硬套其他企业的做法，强制推进 7S，最终将失败，并将原因归结为员工不愿意参与。7S 活动需要全员参与但并不等于可以放任不管，必须通过有力的组织，建立有效的激励机制，调动员工参与的积极性。如果不让员工知道为什么这么做，没有掌握改善技能，没有领会 7S 管理的内涵实质，推进工作是不会成功的。

（6）7S 活动就是生产现场的事情。一些机关、后勤人员认为 7S 是生产现场的事，与自己无关。7S 是一种有效的改善工具，不仅适用于生产现场，也适用于办公和后勤区域。办公环境改善，后勤环境整洁，也能有效提升工作效率，改善管理效果。7S 活动倡导的是领导带头、自己动手、全员参与，只有领导带头、身先士卒，才能取得好的效果。7S 做得好的企业，一定会做到全动员、全覆盖。

第2章

7S 管 理 内 容

2.1　整理实施内容

2.1.1　整理的基础知识

2.1.1.1　整理的含义

整理是指区分需要和不需要的物品，再对不需要的物品加以处理。其具体含义如图 2-1-1 所示。

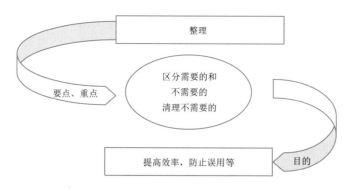

图 2-1-1　整理的意义

整理的要点 1：对工作现场摆放的各种物品进行分类，区分什么是现场需要的，什么是现场不需要的。

整理的要点 2：把现场不需要的东西清理掉，使现场无不用之物。

整理的目的是：使现场无杂物，过道通畅，从而提高工作效率、防止误用、保障生产安全、消除浪费、营造良好的工作环境。

2.1.1.2　整理的对象

整理的对象包括现场无使用价值的物品，不使用的物品，造成生产不便的物品，见表 2-1-1。

2.1.1.3 整理的实施步骤

在整理活动中，各站、各班组首先要进行全面的现场检查，然后制定合理的基准。将物品分为必品和非必需品，并按照规定处理非必需品，最后在工作中进行循环整理，形成良好习惯。整理的实施步骤如图 2-1-2 所示。

（1）根据工作内容、物品本身的状况等制定必需品和非必需品的判定基准。

（2）工作现场必须进行全面检查，尤其要检查设备内部、文件柜顶部、桌子底部等不易检查到的部位。

（3）7S 活动实施人员在对物品进行判定时，需要注意以下两点：

1）需要根据物品的重要性和使用频率进行。

2）不能持有"以防万一"的心态，否则只会让工作现场变得凌乱。

（4）处理非必需品时应先按使用价值对物品进行分类，然后进行处理。

（5）整理贵在"日日做、时时做"，如果只是偶尔突击一下，做做样子，那样整理就失去了意义。

表 2-1-1　整理的对象

对　象	内　容　举　例
不使用的物品	切纸机的边角料、切屑
	多余的办公座椅、设施、用品
	多余的工具器，如梯子等
造成生产不便的物品	材料室堆放的包装箱，包装盒
	通道上放置的物品
	资料室堆放的资料盒
无使用价值的物品	损坏的工器具、仪表等
	破损的手套、无法使用的验电器声光指示器
	过期的报纸、看板、资料和档案

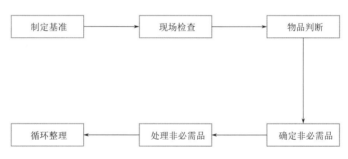

图 2-1-2　整理的实施步骤

2.1.1.4 整理的注意事项

开展整理活动，不是简单的扔掉物品，而是制定合理的标准，保留重要的物品，清理不要的物品，使现场干净整洁。开展整理活动应遵循如下几点注意事项：

（1）制定合理的判别标准。

（2）彻底清除不要物品。

（3）避免出现新的不要物品。

整理的关键在于制定合理的判定标准。整理的两个重要判定标准如下：

（1）"要与不要"的判别标准，判别各个区域需要哪些物品不需要哪些物品。

（2）"处理不用物品"的标准，首先分辨不用物品有无使用价值，再根据其具体使用价值判别不用物品应该如何处理。

彻底清除不要物品，不仅指要仔细清理所有区域，还指要用挑剔的目光审视物品，大胆进行清理。

班组在运行过程中，通过合理设置材料区间、缓冲区、退运物资待清运区等，避免出现新的不用物品。

2.1.2　整理的方法技巧

2.1.2.1　现场检查确认不要物品

现场检查确认是整理的第一步，只有检查确认出不要物品，才能对不要物品进行处理。

（1）检查时，无论看得见的地方还是看不见的地方都要进行检查。

（2）现场检查对象包括办公区域、设备场区、各功能室、仓库和办公区域外空间等。

（3）办公区域包括办公桌、文件柜以及办公场所的相关设施设备等。

（4）设备场区包括场地设备、端子箱等。

（5）仓库空间包括材料备品、储存柜，以及货架、标识牌等。

（6）办公区域外的空间包括综合生活区、绿化区和通道等。

2.1.2.2　合理判定要与不要物品

检查完现场后，管理人员要对现场的物品进行区分，区分出必需品和非必需品。班组可以根据物品的使用频率来进行品判定（对于生产、安全用具不适用此标准），物品判定标准见表 2-1-2。

表 2-1-2　　　　　　　　　　　物 品 判 定 标 准

序号	使用频率	分类（区分）	处理方法
1	1 年连 1 次也不使用	非必需品（不要物）	废弃、放置仓库
2	6 个月至 1 年内使用 1 次	非必需品（不急用物）	放置远处
3	1 个月使用 1 次左右的	非必需品（不急用物）	集中放置
4	1 周使用 1 次以上的		集中放置、放在操作范围内
5	每天使用 1 次以上的	必需品	放在操作范围内
6	每小时都使用的		随身携带

属于不要物的物品如下所示：

（1）有用但多余，属于不要物。

（2）有用但不急用，根据频率判定原则，属于不要物。

（3）客观不需要而主观想要的物品，属于不要物。

例如对抽屉的整理：

（1）可以先将办公抽屉的物品倒空，然后再从倒出来的东西中寻找有用的物品往抽屉里摆放。

（2）可将整理出来的无用物品暂时放置在整理箱，以便进行后期处理。

需要注意的是现场不需要的物品清理掉并不是一定要将其当垃圾卖掉，也可将其放到仓库里面存放。

2.1.2.3 定点拍摄记录现场现状

定点拍摄说明如图2-1-3所示。

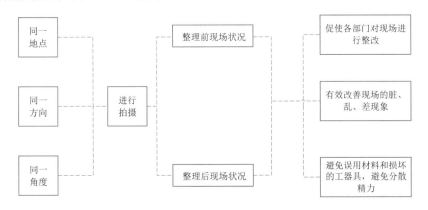

图 2-1-3　定点拍摄说明图

定点拍摄说明：通过定点拍摄进行纵向对比，在微信群或班组展板等地方展示出来，激励大家进行改善；同时，通过与活动前的情况进行对比，可以掌握和评估改善的成果。

整理前后定点拍摄如图2-1-4所示。

（a）整理前　　　　　　　　　　　　　（b）整理后
（留下需要的，丢弃不需要的）

图 2-1-4　整理前后定点拍摄

2.1.2.4 设定区域暂存不要物品

（1）设定暂存区域。暂存区域是暂时存放不要物品和不能确定是否需要的物品的场所，暂存区的一些要求如下：

1）变电站宜结合现场实际，按照暂存物品品类不同设置不同暂存区域，如"废旧物资暂存区""办公物品材料整理暂存区"等。

2）暂存区应设置在比较宽敞、较为明显的地方，注意物品放置对室内室外环境的要求。

3）暂存区域的设置不能影响日常工作。

4）暂存区域应进行明确标识。

5）一旦发现不要物品，应立即放到暂存区，包括有争议的待定的物品。

6）定期对暂存区放置的不要的物品进行处理，不能使其摆放较长时间。

（2）暂存区物品处理规则。暂存区的物品可以分为可利用物品，废弃物品和不能确定是否有用的物品。对于这些物品的处理方法如下：

1）涉及资产类的大件物品或工程材料等，应按照相关物资管理规定办理相关清运或报废流程。

2）对可再利用的物品，要放回仓库。

3）对于放回仓库的可再利用物品，应像新物料一样领用。

4）对于没用的物品，按实际情况进行直接废弃或走报废流程。

5）不能确定是否有用的物品，通过专业人士确认后，按照上述两类进行处理。

2.1.3　整理的具体措施

2.1.3.1　主控台的整理

主控台整理标准实施对比如图 2-1-5 所示。

（a）实施前　　　　　　　　（b）实施中　　　　　　　　（c）实施后
（必需品和非必需品混杂）　（区分必需品：电话机、电脑、键盘、办公椅等；　（处理掉非必需品）
　　　　　　　　　　　　　　非必需品：杂书、废纸、非办公椅等）

图 2-1-5　主控台整理标准实施对比图

2.1.3.2　抽屉的整理

抽屉整理标准实施对比图如图 2-1-6 所示。

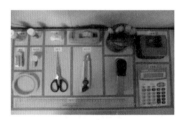

（a）实施前　　　　　　　　（b）实施中　　　　　　　　（c）实施后
（必需品和非必需品混杂）　（区分必需品：文具、办公用具、双面胶、胶水等；　（处理掉非必需品）
　　　　　　　　　　　　　　非必需品：笔记本、文件、废纸、破损的把手等）

图 2-1-6　抽屉整理标准实施对比图

2.1.3.3　办公电脑桌面的整理

办公电脑桌面的整理标准实施对比图如图 2-1-7 所示。

2.1.3.4　茶水柜的整理

茶水柜的整理标准实施对比图如图 2-1-8 所示。

（a）实施前　　　　　　　　　　（b）实施中　　　　　　　　　　（c）实施后
（必需品和非必需品混杂）　　（区分必需品：电脑、鼠标、打印机等；　（处理掉非必需品）
　　　　　　　　　　　　　　非必需品：笔记本、已打印的标签、废纸等）

图 2-1-7　办公电脑桌面的整理标准实施对比图

（a）实施前　　　　　　　　　　（b）实施中　　　　　　　　　　（c）实施后
（必需品和非必需品混杂）　　（区分必需品：保温杯、漱口水杯等；　（处理掉非必需品）
　　　　　　　　　　　　　　非必需品：茶盘、茶叶包装、破损的水壶等）

图 2-1-8　茶水柜整理标准实施对比图

2.1.3.5　工器具柜的整理

工器具柜整理标准实施对比图如图 2-1-9 所示。

（a）实施前　　　　　　　　　　（b）实施中　　　　　　　　　　（c）实施后
（必需品和非必需品混杂）　　（区分必需品：操作手柄、储能手柄、　（处理掉非必需品）
　　　　　　　　　　　　　　扳手、螺丝刀等；
　　　　　　　　　　　　　　非必需品：废旧的零件、纸箱、过期的
　　　　　　　　　　　　　　喷雾剂、变色的硅胶等）

图 2-1-9　工器具柜整理标准实施对比图

2.1.3.6　宿舍的整理

宿舍整理标准实施对比图如图 2 - 1 - 10 所示。

（a）实施前　　　　　　　　（b）实施中　　　　　　　　（c）实施后

图 2 - 1 - 10　宿舍整理标准实施对比图

2.1.3.7　仓库的整理

仓库整理标准实施对比图如图 2 - 1 - 11 所示。

（a）实施前　　　　　　　　（b）实施中　　　　　　　　　　（c）实施后

（必需品和非必需品混杂）　（区分必需品：梯具、灯具、安全围网、柜子等；　（处理掉非必需品）

　　　　　　　　　　　　非必需品：废旧的call机、打印机、电脑屏幕等）

图 2 - 1 - 11　仓库整理标准实施对比图

2.2　整顿实施内容

2.2.1　整顿的基础知识

2.2.1.1　整顿的含义

整顿是指将必需品整齐放置、清晰标识，以最大限度地缩短寻找和放回的时间，整顿的具体含义如图 2 - 2 - 1 所示。

整顿的要点主要是做到五定，即定数量、定位置、定容器、定方法、定标识。

（1）定数量：确定存放数量的最高限度、最低限度。

（2）定位置：确定固定、合理、便利的存放位置。

（3）定容器：确定合适的存放容器，以便有效地存放物品。

（4）定方法：采用形迹管理等方法放置物品。

图 2-2-1 整顿的含义

（5）定标识：用统一明确的文字、颜色等作为物品的标识。

整顿的目的是易见、易取、易还。

（1）易见：整齐摆放物品，并用颜色、文字进行标识、使物品一目了然。

（2）易取：根据使用规则合理设置放置地点，使物品容器拿取。

（3）易还：通过简明的符号或形状提示，比如设置凹模，使物品放回原来的位置。

2.2.1.2 整顿的内容

整顿的工作内容包括确定物品的放置地点、存放数量、存放容器和物品摆放方式以及进行物品标识等，如图 2-2-2 所示。

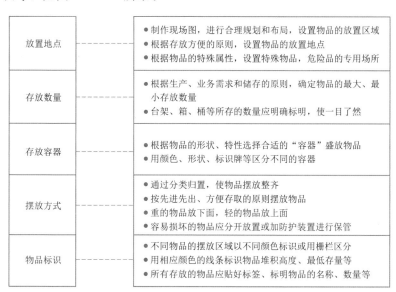

图 2-2-2 整顿的内容

2.2.1.3 整顿的实施步骤

在整顿活动中，变电站应明确物品放置地点、放置方式，进行明确标示。整顿的实施步骤如图 2-2-3 所示。

图 2-2-3 整顿的实施步骤

（1）分析现状主要是了解工作中与物品存放有关的问题，主要包括以下几个步骤：

1）进行物品分类，将现场物品实际的分布情况用文字进行记录。

2）分析现场物品存放有无放置地点不明确、放置地点较远、放置方式不合理等情况。

（2）明确放置场所，将物品的放置场所固定，并且用不同颜色的油漆或胶带来界定生产场所、通道和物品存放区域等。

（3）明确物品的存放方法，包括确定物品的存储地点和存放方式。

1）按方便存放的原则就近存储物品。

2）按物品的用途、形状、大小、重量、使用频率确定物品的摆放地点和摆放方式。

（4）明确标识，用颜色、标签、符号等标示物品的分类、品名、数量、用途等。

1）标识上注明责任人。

2）相同类别的标识，要统一规格，统一加工制作。

2.2.2 整顿的方法

2.2.2.1 区域规划：物品合理放置

区域规划是指根据生产要求、现场具体情况合理规划各区域，以便合理规定物品的放置场所。区域规划有两个层次：第一层次是变电站区域规划；第二层次是现场区域规划。

变电站区域规划是根据变电站环境、生产需要设置生产场所、主控楼、休息间、各楼层功能室的位置和大小。

现场区域规划是将各个区域进一步细分，以明确各种物品的具体放置场所。

（1）材料室根据存放物品的不同按物品类型进行区域的划分。

（2）办公区根据办公需求设置相应的区域，可根据办公桌数量和办公设施等情况进行合理布局。

2.2.2.2 划线定位：物品准确放置

要在现场划线定位，准确放置物品。首先应明确划线的线形，然后确定划线的方法，最后进行准确划线，放置物品。划线定位步骤如图2-2-4所示。

图2-2-4 划线定位步骤图

生产场所、办公区域应用不同的线条区分、定位不同的物品，以方便找寻物品，划线线形表示内容见表2-2-1。

表2-2-1　　划线线形表示内容

类　别	宽　度	线　形
地面定位线	8cm	黄色油漆实线
办公台面定位线	1.2cm	黄色标签带

在确定划线线形之后，划线人员应根据实际情况选择合适的划线方法进行划线，定位划线的方法包括全格法、直角法，具体见表2-2-2。

表 2-2-2 定位划线的方法

方法名称	具体操作	适用范围	图例
全格法	用油漆线条或胶带将存放区域框起来	如材料箱、电器电话座机等的定位	
直角法	用油漆、标签带定出物品的关键角落	如键盘、保供电水牌等的定位	

生产场所、办公区域人员按照确定的颜色、方法，根据物品的大小、特性，选择合适的材料进行画线。划线实施流程如图 2-2-5 所示。

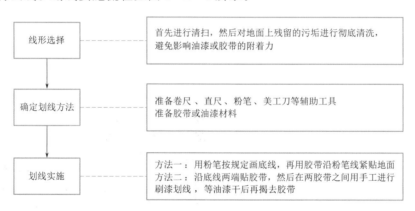

图 2-2-5 划线实施流程图

2.2.2.3 定置管理：定位定容定量

（1）定位。定位也称定点，指根据物品的使用频率和便利性，确定物品的放置场所。对物品设置了定位位置之后，就应按照定位标识固定物品。物品定位之后，应在相应场所设置总看板，使相关人员对定位的状况一目了然。厨房定位示例如图 2-2-6 所示。

图 2-2-6 厨房定位示例

图 2 - 2 - 7　定容示例

（2）定容。定容就是确定物品的盛放容器，以方便存取，同时提高物品存放和搬运的效率。

1）灵活使用容器，指不仅应按物品的形状、性质选用合适的容器盛放物品，而且应采用方便存取和搬运的容器。比如，可使用带轮的托盘盛放较重的物品，以避免反复装卸，提高搬运效率。

2）统一容器规格，是指容器盛放同类物品时，应使用同一种容器，并且容器的大小、形状、颜色等规格应该统一，同时使物品摆放更整齐。

3）对于不同类别的物品，应使用不同的容器加以区分，以快速查找和存取。如果要使用同种容器盛放不同类别物品，应从颜色、标签加以区分，以防混淆。

定容示例如图 2 - 2 - 7 所示。

（3）定量。定量是确定放置物品的合理数量，避免拥堵和断流，以使工作有序化。

1）定量的表示方式。定量可以用颜色标示，也可用文字、数字写明，如图 2 - 2 - 8 所示。

a. 用颜色标识物品的最大库存量、最小库存量。

b. 用文字标示允许存放物品的数量。

2）定量的注意事项。在对物品定量时，应确定合适的数量，并予以明确标明。定量的注意事项如下：

a. 应根据生产计划、物料消耗确定其数量：①库存物品应明确最大库存量、安全库存数量；②工作现场使用的物料应根据生产需求明确最大的允许数量、安全放置数量。

图 2 - 2 - 8　定量的表示方式

b. 容器内存放的物品数量要用数字或颜色予以标明，使其一目了然。

c. 相同的容器所装的物品数量应该一致。

2.2.2.4　物品存放：有效保存物品

有效保存物品，是指存放物品时，应按照其存放要求进行存放，以防止其损坏，并且方便存取。物品存放要点包括分类存放、合理存放、立体存放。物品存放示例如图 2 - 2 - 9 所示。

（1）分类存放物品，是指存放物品时，应按照物品类别分开放置。

（2）合理存放物品，是指存放物品时，应按方便存取的原则进行放置，并且做好防护措施，以防止其损坏。

（3）立体存放物品，是指活用立体空间摆放物品，既节省空间又使环境更加整洁。

2.2.2.5 放置标识：物品清晰准确

7S推行人员需组织变电站人员快速准确找到物品，对物品进行标识。通过对物品存放位置的标识，可使物品清晰准确，方便存取。放置标识示例如图2-2-10所示。

（1）物品标识程序。

1）标识物品时，首先应明确标识的对象，然后根据标识对象选择合适的方法，最后进行准确标识。

图2-2-9 物品存放示例

2）明确标识对象，就是根据标识物品的内容，确定采用何种标识。

3）确定标识方法，是在明确标识内容后，根据具体内容选择合适的标识方法。

（2）标识规范方法。进行现场标识时，要做好标识的统一工作，以免发生误解，浪费寻找时间或导致误用。

图2-2-10 放置标识示例

2.2.2.6 形迹管理：物品定位方法（非必须）

形迹管理，是将零部件、工具、夹具等物品按投影的形状绘图、挖槽或嵌入凹模等方法，把物品放置在上面，以准确定位。形迹管理示例如图2-2-11所示。

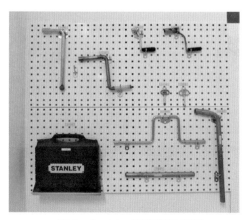

图2-2-11 形迹管理示例

2.2.2.7 及时归位：保持物品整齐有序

在整顿过程中，将物品及时归位，能真正落实定位工作，保持物品整齐有序。及时归位包括两个要点：一是将用完的工具放回原处；二是将移动的物品重新放置在定位位置。及时归位示例如图2-2-12所示。

（1）用完的工具，要按要求放回工具箱，或是放到依照形迹管理确定的位置。

（2）在工作中移动过的物品，要及时放置在原来标识的位置，以维持现场整齐有序。

图 2 - 2 - 12　及时归位示例

2.2.3　整顿的具体措施

2.2.3.1　物品定置类指引

（1）主控台面文件盒定置。主控台面文件盒定置实施标准及常见错误见表 2 - 2 - 3。

表 2 - 2 - 3　　　　　　　　主控台面文件盒定置实施标准及常见错误

实施标准	（图）	1）整理主控台办公文件，明确应在主控台存放的文件； 2）选用同类型的文件夹； 3）所有文件置于文件夹内； 4）文件夹上标明文件名称； 5）文件夹内内容较多时，应制作目录，文件按序摆放； 6）文件夹在书立内摆放整齐
常见错误	文件、文档未放入文件夹内	文件散乱在主控台上　　文件夹在桌面书立内未定置位置

（2）主控台台面定置。主控台台面定置实施标准及常见错误见表2-2-4。

表2-2-4　　　　　　主控台台面定置实施标准及常见错误

实施标准		1）整理非办公设备及文件； 2）座机以全覆法定置； 3）调度电话与办公电话分区布置； 4）办公设备做好编号和标识区分； 5）鼠标等经常移动的物品，以标签定点摆放； 6）键盘宜按照直角法进行定置
常见错误		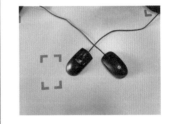
	鼠标、键盘、文具散乱在台面，未有定置线	主控台上，各种鼠标线、电话机线、电源线交叉

（3）抽屉定置。抽屉定置实施标准及常见错误见表2-2-5。

表2-2-5　　　　　　抽屉定置实施标准及常见错误

实施标准		1）整理抽屉内物品，保留工作所需物品； 2）同类型物品放置在同一抽屉； 3）同区域不同层的抽屉，使用频次最高的物品定置在第一层抽屉，次高的物品放置在第二层抽屉，以此类推； 4）抽屉内小工具物品宜使用形迹管理方法进行定置
常见错误		
	文具物品混杂放置在抽屉内，随手放置	已初步整理，但未固定位置摆放

（4）定置单柜定置。定置单柜定置实施标准及常见错误见表 2-2-6。

表 2-2-6　　　　　　　　定置单柜定置实施标准及常见错误

实施标准		1）定置单柜整齐并列布置； 2）定置位置地面做好划线标识； 3）每个抽屉做好相应的编号和标签
常见错误	　定置线错误	　未用的抽屉没有标识

（5）定置柜抽屉定置。定置柜抽屉定置实施标准及常见错误见表 2-2-7。

表 2-2-7　　　　　　　　定置柜抽屉定置实施标准及常见错误

实施标准		1）定置单放入文件夹内； 2）制作定置单封面，标注保护装置、定置单号及执行日期； 3）定置单抽屉内定置单摆放整齐； 4）不同设备的定置单用不同抽屉存放； 5）定置单抽屉按电压等级和间隔逻辑有序排列，方便查找； 6）定置单抽屉内不得存放无关材料或作废定置单
常见错误	　抽屉放置混乱，未正确排序	　定置单未放入文件夹内存放　　定置单未放在对应的抽屉内

（6）带式伸缩围栏定置。带式伸缩围栏定置实施标准及常见错误见表2-2-8。

表 2-2-8　　　　　　　　带式伸缩围栏定置实施标准及常见错误

实施标准		1）保留适当数量的带式伸缩围栏，避免大量堆积； 2）定置位置地面划定好定置线
常见错误		
	地面未划定直线	未整齐摆放在划线内

（7）安全设施小柜定置。安全设施小柜定置实施标准及常见错误见表2-2-9。

表 2-2-9　　　　　　　　安全设施小柜定置实施标准及常见错误

实施标准	 	1）安全设施小柜定置位置地面划定位线； 2）抽屉正面张贴安全设施定制标识； 3）抽屉内放置适当数量的安全设施，并整齐摆放； 4）应按使用频次高低顺序从上至下定制安全设施
常见错误		
	不同设施混杂摆放	安全设施柜柜面未有标识，不利于取用

（8）大班房办公台定置。大班房办公台定置实施标准及常见错误见表2-2-10。

表2-2-10　　　　　　　大班房办公台定置实施标准及常见错误

实施标准		1）桌面物品定时整理，摆放整齐有序； 2）座机、显示器、键盘等采用直角法进行定置； 3）鼠标、水杯等经常移动的物品，以标签定点摆放； 4）散乱的资料分类放入文件盒内； 5）书籍、文件盒较多时，应制作目录，书籍及文件按序摆放
常见错误	 	
	桌面物品放置混乱　　办公室下放置杂物　　资料散乱堆放	

（9）打印机定置。打印机定置实施标准及常见错误见表2-2-11。

表2-2-11　　　　　　　打印机定置实施标准及常见错误

实施标准	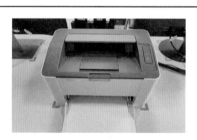	1）落地打印机定置位置地面划定位线； 2）打印机宜标注打印功能； 3）打印机表面应无杂物及遗留纸张； 4）打印纸盘内纸张充足； 5）及时更换无墨硒鼓、处理卡纸情况
常见错误	 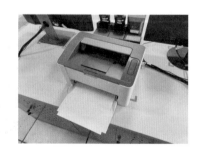	
	打印的文稿未按时取走，堆放在打印机上　　未整齐摆放在划线内	

（10）报纸架定置。报纸架定置实施标准及常见错误见表2-2-12。

表2-2-12　　　　　　　　报纸架定置实施标准及常见错误

实施标准		1）报纸架定置放置； 2）同一名字报纸应放同一报纸架； 3）报纸架内各份报纸按日期顺序摆放，较新报纸在最上方； 4）定期清理过期的报纸
常见错误	  报纸杂乱摆放在报纸架上	 报纸架上报纸过期未更换

（11）安全帽柜定置。安全帽柜定置实施标准及常见错误见表2-2-13。

表2-2-13　　　　　　　　安全帽柜定置实施标准及常见错误

实施标准		1）安全帽柜定置位置地面划定位线； 2）安全帽上及安全帽柜内均用标签标示； 3）安全帽取用后放回时，应理顺好帽带； 4）安全帽标签朝外，整齐摆放； 5）保持安全帽功能完好、清理干净，安全帽带调整到合适位置
常见错误	 安全帽摆放混乱，未统一摆放	 安全帽随手放置，位置不对应  参观安全帽柜未上锁

（12）工具柜定置。工具柜定置实施标准及常见错误见表 2－2－14。

表 2－2－14　　　　　　　　工具柜定置实施标准及常见错误

实施标准		1）使用形迹管理方法，对各工具进行定置； 2）按不同电压等级分层定制操作工具； 3）工具和工具柜柜体上均做好定制标签
常见错误	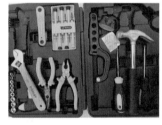	
	未使用形迹管理方法	未按要求摆放

（13）安全工器具柜定置。安全工器具柜定置实施标准及常见错误见表 2－2－15。

表 2－2－15　　　　　　　　安全工器具柜定置实施标准及常见错误

实施标准		1）安全工器具在柜内定格整齐摆放； 2）柜门外设置水牌标明柜内物品； 3）安全帽取用后放回时，应理顺好帽带； 4）安全帽标签朝外，整齐摆放； 5）保持参观安全帽功能完好、清理干净，安全帽带调整到合适位置
常见错误		 
	摆放位置错误	接地线未缠绕　　　随意摆放，未放在指定位置

（14）消火栓定置。消火栓定置实施标准及常见错误见表 2-2-16。

表 2-2-16　　　　　　　　　　消火栓定置实施标准及常见错误

实施标准		1）消火栓标示清晰、无杂物阻挡； 2）消防栓应标注管理责任人； 3）消防栓应张贴使用指引； 4）消防栓内消防设施齐备； 5）消防水枪头、水带整齐摆放，方便取出
常见错误	  	
	水枪头缺失	水带未卷好，水枪头未定置好	消火栓附近堆放大量杂物

（15）灭火器箱定置。灭火器箱定置实施标准及常见错误见表 2-2-17。

表 2-2-17　　　　　　　　　　灭火器箱定置实施标准及常见错误

实施标准		1）消防栓应标注管理责任人； 2）消防栓应张贴使用指引； 3）灭火器及防毒面具整齐摆放在箱内； 4）灭火器箱定置位置地面划定位线； 5）灭火器箱周围无杂物
常见错误		
	未划定位线，封条未贴好	未放置在指定位置，上部堆放杂物

2.2.3.2　操作类指引

（1）打印保护报文操作指引图。打印保护报文操作指引图实施标准及常见错误见表 2-2-18。

表 2-2-18　　　　打印保护报文操作指引图实施标准及常见错误

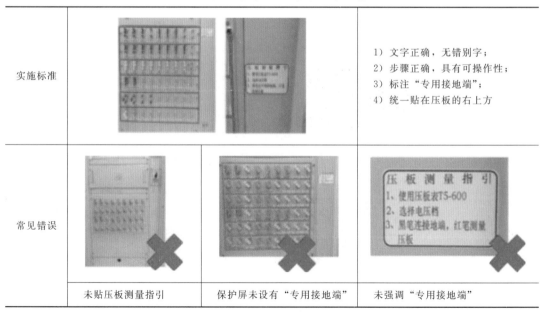

实施标准	动作报告打印	1）图片清晰，文字正确； 2）步骤正确，具有可操作性； 3）使用专用标签纸打印，宽度单位为 mm	
常见错误			
	没有贴打印纸保护报文操作指引	有错别字	操作指引破损

（2）测量压板操作指引图。测量压板操作指引图实施标准及常见错误见表 2-2-19。

表 2-2-19　　　　测量压板操作指引图实施标准及常见错误

实施标准		1）文字正确，无错别字； 2）步骤正确，具有可操作性； 3）标注"专用接地端"； 4）统一贴在压板的右上方	
常见错误			
	未贴压板测量指引	保护屏未设有"专用接地端"	未强调"专用接地端"

（3）水喷雾水泵房紧急手动启动操作指引图。水喷雾水泵房紧急手动启动操作指引图实施标准及常见错误见表2-2-20。

表2-2-20　　水喷雾水泵房紧急手动启动操作指引图实施标准及常见错误

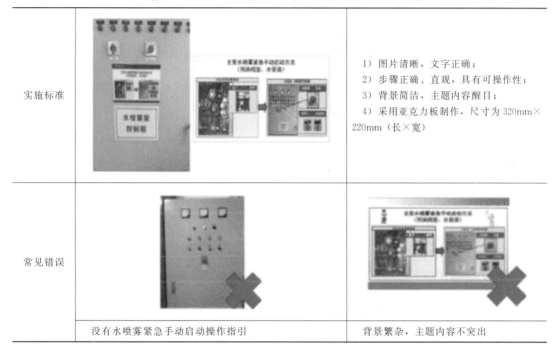

实施标准	1）图片清晰，文字正确； 2）步骤正确、直观，具有可操作性； 3）背景简洁，主题内容醒目； 4）采用亚克力板制作，尺寸为320mm×220mm（长×宽）	
常见错误	没有水喷雾紧急手动启动操作指引	背景繁杂，主题内容不突出

（4）水喷雾消防主机紧急手动启动操作指引图。水喷雾消防主机紧急手动启动操作指引图实施标准及常见错误见表2-2-21。

表2-2-21　　水喷雾消防主机紧急手动启动操作指引图实施标准及常见错误

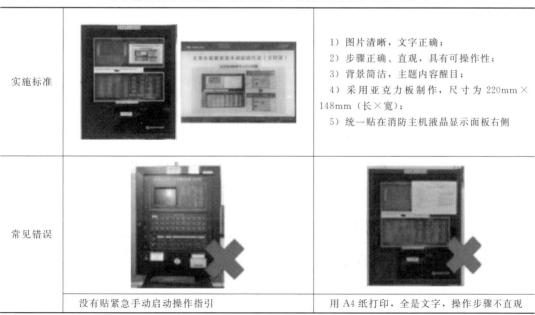

实施标准	1）图片清晰，文字正确； 2）步骤正确、直观，具有可操作性； 3）背景简洁，主题内容醒目； 4）采用亚克力板制作，尺寸为220mm×148mm（长×宽）； 5）统一贴在消防主机液晶显示面板右侧	
常见错误	没有贴紧急手动启动操作指引	用A4纸打印，全是文字，操作步骤不直观

（5）应急发电机紧急接入操作指引图。应急发电机紧急接入操作指引图实施标准及常见错误见表 2 - 2 - 22。

表 2 - 2 - 22　　　　　应急发电机紧急接入操作指引图实施标准及常见错误

实施标准		1）图片清晰，文字正确； 2）步骤正确、直观，具有可操作性； 3）背景简洁，主题内容醒目； 4）采用亚克力板制作，尺寸为 600mm×450mm（长×宽）
常见错误	 未贴应急发电机紧急接入操作指引	 操作指引 A4 纸打印，未用亚克力板制作

（6）正压式呼吸器使用指引图。正压式呼吸器使用指引图实施标准及常见错误见表 2 - 2 - 23。

表 2 - 2 - 23　　　　　正压式呼吸器使用指引图实施标准及常见错误

实施标准	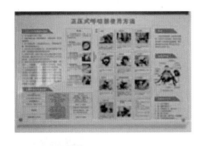	1）图片清晰，文字正确； 2）步骤正确、直观，具有可操作性； 3）背景简洁，主题内容醒目； 4）采用亚克力板制作； 5）张贴于正压式呼吸器存放位置
常见错误	 用 A4 纸打印，字体太小，不直观	 没有贴紧使用指引

2.2.3.3　看板类指引

（1）主控室。

1）人员去向表。人员去向表实施标准见表2-2-24。

表2-2-24　　　　　　　　　人员去向表实施标准

实施标准		标准说明： 1）人员去向悬挂于主控室； 2）人员去向表应反映所有人员的联系信息，人员去向状态应根据实际情况实时更新； 3）看板保持干净、无脱落，看板区域不能被遮挡； 4）人员去向表尺寸为90cm×70cm，板面上方90cm×11cm区域为标识栏，可根据现场实际调整大小

2）设备主人看板。设备主人看板实施标准见表2-2-25。

表2-2-25　　　　　　　　　设备主人看板实施标准

实施标准		标准说明： 1）设备主人看板应反映不同区域设备主人的基本信息以及职责义务； 2）看板保持干净，定期清洁； 3）中心站设置固定式看板，子站设置插卡式看板

3）重点运行业务看板。重点运行业务看板实施标准见表2-2-26。

表2-2-26　　　　　　　　　重点运行业务看板实施标准

实施标准	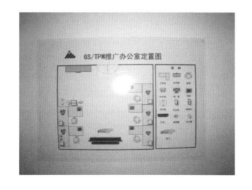	标准说明： 1）重点运行业务流程看板要求内容针对性强，表述精准简洁； 2）看板悬挂在显眼处，保持干净，定期清洁； 3）多个看板应平行等距布置； 4）看板尺寸为60cm×80cm； 5）业务内容为：运行监视要求、设备跳闸信息汇报指引、事故处理流程、应急处置流程、零解锁快速响应流程等

4）重点运维设备表。重点运维设备表实施标准见表2-2-27。

表2-2-27　　　　　　　　重点运维设备表实施标准

实施标准		标准说明： 1）每年修编一次重点运维设备表； 2）重点运维设备表应列出管辖范围内所有重点运维设备的重要信息，清晰明了； 3）看板保持干净，定期清洁； 4）看板尺寸为120cm×80cm，可根据实际现场调整

（2）办公室看板。

1）班组管理看板。班组管理看板实施标准见表2-2-28。

表2-2-28　　　　　　　　班组管理看板实施标准

实施标准		标准说明： 1）班组管理看版内容应反映班组管理重要内容，且分门别类、简洁明了，针对性、可视性强； 2）看板内容根据实际情况实时更新，保持信息传达时效性； 3）班组管理看板尺寸为240cm×120cm，上方240cm×16cm区域为标识栏，下方240cm×5cm区域为部门标识栏； 4）看板放置在班房显眼处，多个看板应根据实际情况平行等距布置

2）VI标语图。VI标语图实施标准见表2-2-29。

表2-2-29　　　　　　　　VI标语图实施标准

实施标准		标准说明： 1）VI标语看板内容应具有针对性，用语简洁明了； 2）看板保持干净，定期清洁； 3）建议中心站标语类数量不多于10块，子站不多于5块

3）安全小看板。安全小看板实施标准见表2-2-30。

表 2-2-30　　　　　　　　　　　安全小看板实施标准

实施标准	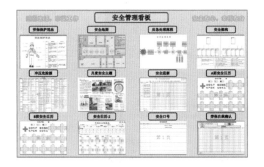	标准说明： 1）安全小看板内容应有针对性，可视化强，简洁明了； 2）应张贴在走廊显眼处； 3）尺寸大小 39cm×60cm

4）重点运行设备表。重点运行设备表实施标准见表2-2-31。

表 2-2-31　　　　　　　　　　　重点运行设备表实施标准

实施标准		标准说明： 1）人员专项管理分工看板应列举每个人的分管项目及职责范围等信息； 2）看板保持干净，定期清洁； 3）尺寸大小 240cm×122cm

5）员工生活看板。员工生活看板实施标准见表2-2-32。

表 2-2-32　　　　　　　　　　　员工生活看板实施标准

实施标准		标准说明： 1）员工生活看板应反映员工业余生活爱好； 2）看板保持干净，定期清洁； 3）尺寸大小 240cm×122cm

（3）党建宣传图。党建宣传图实施标准见表 2 - 2 - 33。

表 2 - 2 - 33　　　　　　　　　　党建宣传图实施标准

实施标准		标准说明： 1）党建宣传看板应有党旗、党徽标识，应反映党员基本信息、党员义务、职责、权利等内容，合理排版，保持美观； 2）看板保持干净，定期清洁； 3）尺寸为 240cm×122cm
		标准说明： 1）廉洁自律准则应反映党员、党员领导干部的廉洁自律规范等内容，合理排版，保持美观； 2）看板保持干净，定期清洁

（4）设备场地看板。

1）安全标示牌。安全标示牌实施标准见表 2 - 2 - 34。

表 2 - 2 - 34　　　　　　　　　　安全标示牌实施标准

实施标准		标准说明： 1）安全标示牌设置在场地出入口； 2）安全标示牌需反映各类安全标示及其含义； 3）看板保持干净、无脱落，看板区域不能被遮挡

2）GIS/HGIS 刀闸操作六项检查指引牌。GIS/HGIS 刀闸操作六项检查指引牌实施标准见表 2-2-35。

表 2-2-35　　　　　　　GIS/HGIS 刀闸操作六项检查指引牌实施标准

实施标准	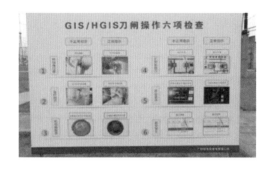	标准说明： 1）GIS/HGIS 刀闸操作六项检查指引牌应设置在 GIS/HGIS 设备前方； 2）GIS/HGIS 刀闸操作六项检查指引牌应列出正常指示与不正常指示情况； 3）看板保持干净、无脱落，看板区域不能被遮挡

3）重点运维设备牌（非必须）。重点运维设备牌实施标准见表 2-2-36。

表 2-2-36　　　　　　　　　重点运维设备牌实施标准

实施标准	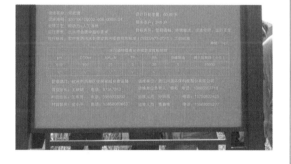	标准说明： 1）重点运维设备牌应设置在设备开关机构箱或汇控柜正前方； 2）重点运维设备牌应列出重要度、健康度、设备管控级别、运维策略及风险描述； 3）看板保持干净、无脱落，看板区域不能被遮挡

4）保供电牌。保供电牌实施标准见表 2-2-37。

表 2-2-37　　　　　　　　　保 供 电 牌 实 施 标 准

实施标准		标准说明： 1）保供电牌应置于后台及前方显眼位置； 2）保供电牌应列明保供电任务、设备、级别与时间； 3）看板保持干净、无脱落，看板区域不能被遮挡

（5）提示类标签。

1）"室内空调运行，随手关窗、门"提示。"室内空调运行，随手关窗、门"提示实施标准见表 2 - 2 - 38。

表 2 - 2 - 38　　　　"室内空调运行，随手关窗、门"提示实施标准

| 实施标准 | 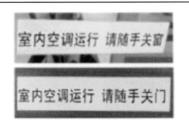 | 标准说明：
在公共区域的门窗开门处张贴随手关门窗的温馨提示 |

2）上级电源标识。上级电源标识实施标准见表 2 - 2 - 39。

表 2 - 2 - 39　　　　　　　上级电源标识实施标准

| 实施标准 |  | 标准说明：
1）标识贴上应反映设备名称以及上级电源的信息；
2）张贴在插座上方；
3）尺寸大小为 17.5cm×12cm |

3）节约用电提示（单按钮）。节约用电提示（单按钮）实施标准见表 2 - 2 - 40。

表 2 - 2 - 40　　　　　　节约用电提示（单按钮）实施标准

| 实施标准 |  | 标准说明：
1）在公共区域的空开处张贴"随手关灯"的温馨提示；
2）提示看板的尺寸大小为 8.3cm×8.3cm |

4）节约用电提示（多按钮）。节约用电提示（多按钮）实施标准见表 2 - 2 - 41。

表 2 - 2 - 41　　　　　　节约用电提示（多按钮）实施标准

| 实施标准 |  | 标准说明：
1）在公共区域的多项空开处张贴"随手关灯"的温馨提示；
2）用不同颜色表示不同的空开控制的灯；
3）提示看板的尺寸大小为 8.3cm×8.3cm |

5）厨房公告栏。厨房公告栏实施标准见表2-2-42。

表 2-2-42　　　　　　　　　厨房公告栏实施标准

实施标准		标准说明： 1）厨房公告栏应反映厨工资质、每日用餐计划、菜谱、健康饮食等信息； 2）应张贴在厨房显眼处

2.2.3.4　功能室定置指引

（1）职工小家定置。职工小家定置实施标准及常见错误见表2-2-43。

表 2-2-43　　　　　　　　　职工小家定置实施标准及常见错误

实施标准		1）职工小家内小件物品已整理并定置摆放； 2）职工小家内设施合理分布，定位放置
常见错误			
	杂物随意摆放在茶几上	休息室布局不合理	书柜内物品未整理

（2）会议室布置。会议室布置实施标准及常见错误见表 2-2-44。

表 2-2-44　　　　　　　会议室布置实施标准及常见错误

实施标准		1）椅子完好，色调一致，摆放有序； 2）会议用设备定位放置，功能正常； 3）会议桌上物品及时清理，鼠标键盘等定位放置
常见错误	 鼠标、键盘、遥控器等散乱在台面，没有定制线	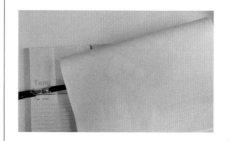 会议资料随意摆放，未及时清理

（3）办公室布置。办公室布置实施标准及常见错误见表 2-2-45。

表 2-2-45　　　　　　　办公室布置实施标准及常见错误

实施标准		1）个人办公桌物品定位放置； 2）办公桌间距适中，保持过道宽松； 3）打印机等办公设备合理分布，方便使用； 4）办公设备定置位置划定位线； 5）无人座位的椅子推入桌底
常见错误	 工作服随意摆放	 椅子未推回办公桌底

（4）餐厅定置。餐厅定置实施标准及常见错误见表 2-2-46。

表 2-2-46　　　　　　　　　　餐厅定置实施标准及常见错误

实施标准		1）餐桌与取餐区合理布置； 2）餐桌上物品以标签定位摆放； 3）餐厨具清洗池边物品定位摆放； 4）消毒柜内餐具定置摆放，不留杂物	
常见错误			
	餐桌物品未定位摆放	餐厨清洗池物品随意摆放	消毒柜内存放食物

（5）康体室定置。康体室定置实施标准及常见错误见表 2-2-47。

表 2-2-47　　　　　　　　　　康体室定置实施标准及常见错误

实施标准		1）室内设施合理分布，注意运动半径； 2）室内器具摆放整齐，无堆放杂物； 3）康体设施定置位置地面划定位线； 4）体育用品定置摆放	
常见错误			
	体育用品随意摆放，未定置	器具未清理并归位	多个健身器材放置在一个定置柜内

（6）宿舍定置。宿舍定置实施标准及常见错误见表2-2-48。

表2-2-48　　　　　　　宿舍定置实施标准及常见错误

实施标准		1) 宿舍内各家具定位摆放； 2) 床面床单平整铺开或折叠整齐； 3) 书桌桌面物品有序摆放； 4) 地面清洁无垃圾，窗台无杂物堆放
常见错误	  	
	体育用品随意摆放，未定置	器具未清理并归位	多个健身器材放置在一个定置柜内

（7）资料室定置。资料室定置实施标准及常见错误见表2-2-49。

表2-2-49　　　　　　　资料室定置实施标准及常见错误

实施标准	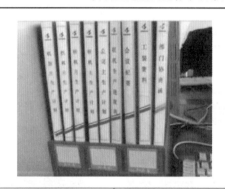	1) 资料柜内清洁整齐； 2) 所有资料放在文件盒内； 3) 资料盒上画红色定位线，按顺序排列； 4) 资料柜侧面应张贴目录； 5) 书桌桌面无杂物，及时整理归位资料
常见错误	  	
	资料盒未定置管理	图纸资料随意摆放	图纸资料未按定位摆放

（8）材料室定置。材料室定置实施标准及常见错误见表2-2-50。

表2-2-50 材料室定置实施标准及常见错误

实施标准		1）材料架地面划定位线； 2）物品定置摆放在材料架上，地面无余物； 3）设置资料台卡，标明型号、库存上下限
常见错误	  	
	材料架摆放混乱　　　物品随意摆放在地面　　　未有物品台卡	

（9）主控室定置。主控室定置实施标准及常见错误见表2-2-51。

表2-2-51 主控室定置实施标准及常见错误

实施标准		1）主控台面物品均定位放置； 2）主控台办公设备布置合理； 3）椅子摆放整齐
常见错误	  	
	桌面乱，用后未收拾　　　桌子未归位　　　抽屉未推回桌内	

（10）继保室定置。继保室定置实施标准及常见错误见表 2-2-52。

表 2-2-52   继保室定置实施标准及常见错误

实施标准		1）所有物品在定制线内摆放； 2）室内无工作遗留物品； 3）"运行中"红布条平直无下坠，补运行中牌
常见错误		
	红布条下坠	地面堆有杂物，定置单使用后未收回

（11）低压室定置。低压室定置实施标准及常见错误见表 2-2-53。

表 2-2-53   低压室定置实施标准及常见错误

实施标准		1）低压室内物品摆放整齐，划线定置； 2）地面清洁无杂物
常见错误	 	
	绝缘凳未摆放在黄线内	定置黄线缺失

（12）蓄电池室定置。蓄电池室定置实施标准及常见错误见表 2-2-54。

表 2-2-54　　　　　　　　蓄电池室定置实施标准及常见错误

实施标准		1）蓄电池外观清洁，划定位线； 2）其他物品摆放整齐，划线定制
常见错误		
	蓄电池上放置杂物	蓄电池绝缘凳未接定置线摆放

（13）电缆层定置。电缆层定置实施标准及常见错误见表 2-2-55。

表 2-2-55　　　　　　　　电缆层定置实施标准及常见错误

实施标准		1）电缆层内干净整洁； 2）电缆摆放整齐，无下坠情况； 3）防火封堵良好，防火泥无掉落； 4）各消防器材定置摆放； 5）防撞
常见错误	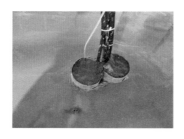	
防火泥脱落，掉在地上		

（14）消防水泵房定置。消防水泵房定置实施标准及常见错误见表 2-2-56。

表 2-2-56　　　　　　　　消防水泵房定置实施标准及常见错误

实施标准		1）水泵房地面干净整洁； 2）水泵房设施划定位线； 3）消防管网漆色完好，无脱落现象； 4）水泵房地面宜做白流平
常见错误	 杂物随意摆在水泵房	

（15）中央配电室定置。中央配电室定置实施标准及常见错误见表 2-2-57。

表 2-2-57　　　　　　　　中央配电室定置实施标准及常见错误

实施标准		1）配电屏及应急发电车接入装置地面划定位线； 2）应急发电车接入装置门关紧，制作带电标示； 3）室内无堆放余物
常见错误	 室内有杂物	 发电机接入装置未关好门

（16）站用变室定置。站用变室定置实施标准及常见错误见表2-2-58。

表2-2-58　站用变室定置实施标准及常见错误

实施标准		1）站用变电网地面定位线； 2）站用变室内保持清洁，整齐； 3）各类标识牌正确、完整
常见错误		
	站用变室内遗留工器具	

2.3　清扫实施内容

2.3.1　清扫的基础知识

2.3.1.1　清扫的含义

清扫是将工作场所内看得见和看不见的地方打扫干净，不仅包括环境的清扫，还包括设备的擦拭与清洁，以及污染发生源的改善。其含义如图2-3-1所示。

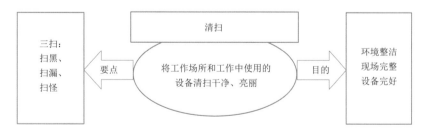

图2-3-1　清扫的含义

清扫的要点是三扫，即扫黑、扫漏、扫怪，具体如下：
（1）扫黑：扫除垃圾、灰尘、粉尘、纸屑、蜘蛛网等。
（2）扫漏：发现漏水、漏油等现象要进行擦拭，并查明原因，采取措施进行整改。

（3）扫怪：对异常声音、温度、振动等进行整改。

清扫的目的是：使环境整洁，使现场整齐，使设备完好，具体如下：

（1）环境整洁：通过清扫，使环境干净清洁、无灰尘、无脏污。

（2）现场整齐：通过清理杂物，使现场整齐，无杂物。

（3）设备完好：通过点检维修，使设备处于完好状态，无松动、开裂、漏油。

2.3.1.2　清扫的对象

各部门在进行清扫过程中，首先应明确清扫的对象，才能进行合理的、正确的清扫。清扫的对象包括空间、物品和污染源，具体见表 2-3-1。

表 2-3-1　　　　　　　　　　　　　清　扫　的　对　象

清扫对象		具　体　说　明
空间		彻底清除地面、墙壁、窗台、天花板上所有的灰尘和异物
物品	设备、工具	擦拭设备表面及内部的污垢； 修复有缺陷的工具
	其他生产或办公物品	对各场所的物品应按照整理整顿的办法进行清扫、去除杂物； 对工作中所用到的物品应进行擦拭或清洗，以保持其状态良好； 对有瑕疵的物品进行恢复和整修
	污染源	在清洗过程中，应注意检查产生废水、固体污染物的污染源，并采取相应措施进行控制

清扫的三个对象是相辅相成的：清扫地面、墙壁、窗台、天花板是为了给物品创造干净、整洁的空间，而清扫包括设备在内的物品，是为了发现并控制污染源，控制住污染源，才能进一步进行彻底的清扫，以保证环境质量，保证设备、物品完好。

清扫不是简单的扫除，而在于改善环境，提高工作质量，清扫的对象也不仅仅是垃圾和灰尘污垢，还应消除物品的各种不便利。

2.3.1.3　清扫的实施步骤

在清扫活动中，各部门、厂站人员应首先贯彻落实整理、整顿、清扫工作的内容；然后由 7S 推行委员会确定各区域责任人，接着按清扫对象准备清扫工具，彻底实施清扫；最后，对清扫中发现的问题进行整改。清扫工作的实施步骤如图 2-3-2 所示。

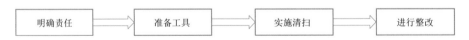

明确责任　➡　准备工具　➡　实施清扫　➡　进行整改

图 2-3-2　清扫工作的实施步骤

（1）明确清扫责任，就是将清扫工作责任到人，明确规定责任人的清扫区域、清扫对象、清扫目标、时间，以避免产生无人清扫的死角。

（2）准备清扫工具，是指各车间、部门根据自己负责的清扫对象准备相应的工具。比如，清扫地面应准备扫帚、拖把、垃圾铲、水桶等。

（3）明确清扫对象之后，各车间、部门应按要求实施清扫。实施清扫的基本要点如下：

1）对清扫对象执行例行扫除，清除灰尘和污垢。

2）在清扫中，检点设备、物品有无损坏、裂纹等现象。

3）调查并控制污染源。

（4）进行整改，是针对清扫中发现的问要及时进行整修，以真正达到清扫的目的。

2.3.1.4 清扫的注意事项

开展清扫活动最终目的是保持良好的工作环境，提升作业质量。为了达到这个目的，在清扫中应遵循如图 2-3-3 所示的注意事项。

（1）清扫要亲力亲为：企业不要专门聘请清洁工来进行清扫，而是要求员工自己亲自动手，以发现现场的问题。例如，通过清扫擦拭掉灰尘，就可能发现设备的瑕疵、裂纹和松动。

（2）清扫工作要日常化，指清扫活动不在于突击几次大扫除，而在于在日常工作中保持清扫的理念，看到垃圾及时清理。

（3）清扫工作要彻底，是指在清扫中，既要彻底消除卫生死角，又要彻底解决污染源，消除应付的心态和行为。

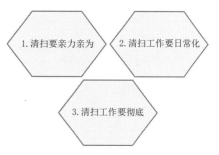

图 2-3-3 清扫的注意事项

2.3.2 清扫的方法技巧

2.3.2.1 明确清扫作业范围：明确责任

7S 推行委员会应明确兼职管理员的责任，变电站的具体清扫工作由清洁工担任，兼职管理员应组织好站内的清洁工作。

2.3.2.2 清扫工作实施方法：随时清扫立即清理

（1）随时工作随时清扫。贯彻落实清扫工作，应在工作中随时清扫，而不只是在 7S 活动的时候才进行清扫。例如修理设备中产生的油污，切削物料产生的粉末，都应随时清扫。各部门要贯彻执行随时工作随时清扫，应该把握两项工作要点：一是将清扫作为工作内容的一部分；二是在工作场所要备好清扫工具，随时进行清扫。

1）要将清扫作为工作内容的一部分，可在员工的岗位职责中，明确规定员工应对刚产生的脏污立即进行清扫，或利用闲暇时间进行清扫，促使员工随时进行清扫。

2）在工作场所备好工具是为随时工作随时清扫提供物质条件。常备的清扫工具举例见表 2-3-2。

表 2-3-2　　　　　　　　　常备的清扫工具

场　　所	清　扫　工　具
办公室	吸尘器、扫帚、拖把、垃圾桶、抹布、卷纸
设备现场	扫帚、垃圾铲、清洁布、毛刷、砂纸
通道、卫生间、休息室	扫帚、拖把、垃圾铲、垃圾桶、抹布、清洁剂

（2）随时清扫不留死角。随时清扫不留死角，是指员工在随时清扫中，要特别留意和清扫不容易看到的地方。清扫不留死角，主要应把握两个工作要点：一是明确工作现场的死角，二是对各个死角进行特殊的清扫。工作现场的死角，包括不容易发现的死角、物品破损形成的死角、由于摆放不合理形成的死角等，具体见表2-3-3。

表2-3-3   工 作 现 场 的 死 角

清扫死角种类	举 例
不容易发现的死角	抽屉内部、设备内部、显示器底下、灯罩里面
物品破损形成的死角	如办公桌破损形成裂口，会积聚很多灰尘、污垢
由于摆放不合理形成的死角	如两台设备距离太近，形成死角

对死角进行清扫，应根据死角的具体情况采用合适的方法。清扫死角示例如图2-3-4所示。

1）对于不容易发现的死角，应仔细检查每一角落，进行彻底清扫不留死角。

2）对于物品破损形成的死角，应及时修复破损，然后才能进行彻底的清扫。

3）对于摆放不合理形成的死角，应根据整顿要求，合理定置，然后进行清扫。

图2-3-4   清扫死角示例

（3）看到脏乱立即清理。看到脏乱立即清理，目的是防止污染物扩散，保持良好工作环境，提高工作质量。其工作要点如图2-3-5所示。

图2-3-5   看到脏乱立即清理的工作要点

1）及时清理脏污，是在日常工作中，对发现的脏污、灰尘等，要及时进行清扫，以保证工作场所整洁、干净。及时清理脏污示例如图2-3-6所示。

2）及时清理杂乱，既是对整理和整顿工作的彻底落实，也是对清扫工作的有力支撑。其工作要点如下：①在地面物品存储场所发现杂物，应先清扫，再按整理工作的相关要求进行处理。比如对切削时落入原料堆里的废料，应先清扫出来，然后进行废弃处理。②在工作中发现物品放置凌乱，应按定置定位的要求，重新放回原来的位置。

2.3.2.3 查找并治理污染源：杜绝污染物产生

在工作场所产生污染物之后，如果不及时处理，可能危害员工健康，也可能发生异常和不良。如电路板上的脏污可能造成短路或断路，机器上残留的污垢会影响精度。因此，应该及时查找并治理污染源。

图2-3-6 及时清理脏污示例

（1）查找污染源。现场的污染源，主要包括气体污染物、液体污染物和固体污染物，因此查找污染源时需要从这三个方面进行检查。

（2）治理污染源。员工在查找污染源后，应根据污染源产生的具体原因采取适当的措施进行治理，其方法具体见表2-3-4。

表2-3-4 治理污染源的具体方法

治 理 对 象	方　　　法
设备	如果设备发生故障，及时查明事故原因，报相关专责及发4A缺陷
管道	如果管道发生破损，应及时修复；如管道发生堵塞，及时用引导或溶解方法疏通堵塞
净化装置（空调、干燥器）	如果净化装置发生故障，产生大量废气、废水、固体废弃物，应及时修复

1）必须通过每天的清扫工作，查明冒气、冒烟、漏油、漏水的问题所在，从根本上解决这些问题。

2）可根据实际检查结果制定污染源发生清单，按照清单逐项改善，以从根本上解决污染源，杜绝污染物产生。

2.3.2.4 清扫工具归位放置：便于随时使用

清扫工具归位放置，是指在完成清扫之后，应按照定位标准，将扫帚、拖把等清扫工具放回原来的位置。其主要包括两项要点：一是清扫工具定位；二是用完清扫工具及时放回原处。

（1）清扫工具准确定位。要想方便、快捷地使用清扫工具，应视具体的工具类型而采用不同的方式将清扫工具定位放置在工作场所，其方法具体如下：对于吸尘器、扫帚、垃圾斗、拖把等相对大件物品，在贴墙角的位置划线定位。对于毛刷、洗洁精、手套、抹布等相对小件物品，应放置在台架上，用标签标识。

（2）及时将清扫工具归位。如果清扫工具有确定的放置场所，在使用完清扫工具之后，就应该及时将其放回到其指定的位置，以便随时使用。

2.3.2.5 及时检查清扫工作：角落细节着手

（1）清扫工作检查内容。对清扫工作的检查，主要应从细节着手，扫除污染源。清扫工作检查内容如图2-3-7所示。多注意各种细节问题。

（2）清扫工作检查方法。现场清洁负责人应用目测并对照工作检查表检查清扫工作效果，以进一步整改和完善，如图2-3-8所示。

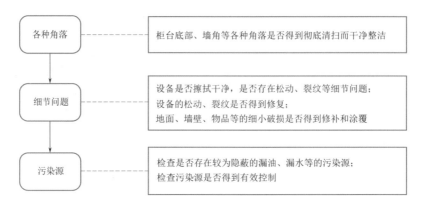

图 2 - 3 - 7　清扫工作检查内容

图 2 - 3 - 8　清扫工作检查示例

2.3.3　清扫的具体实施

2.3.3.1　地面的清扫

清扫地面时，首先应处理污染源，再清理地面的杂物，然后用扫帚扫去灰尘，最后去除污垢。地面清扫步骤如图 2 - 3 - 9 所示。

（1）地面清扫工作要达到的标准是：干净整洁、无灰尘、无污垢、无杂物。

（2）地面清扫的范围包括设备周围、通道、堆放物品地、办公室、楼梯等的地面。

（3）清扫之后，在水泥地面上涂上蜡或其他涂料，以便防尘。

（4）地面清扫时，应检查地面的各种标识，如有不清晰或破损，要按要求予以恢复。

2.3.3.2　窗台的清扫

部门、车间对窗台进行清扫，首先应准备好合适的清扫物品然后对玻璃进行清洗，最后对玻璃、台面擦拭。窗台的清扫步骤如图 2 - 3 - 10 所示。窗台的清扫示例如图 2 - 3 - 11 所示。

（1）窗台的清扫标准是无杂物、无灰尘、无污垢。

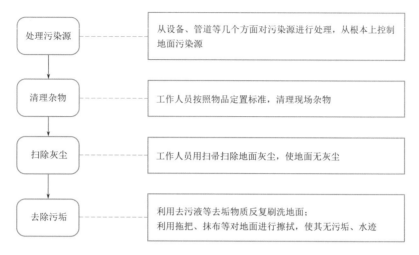

图 2 - 3 - 9　地面清扫步骤

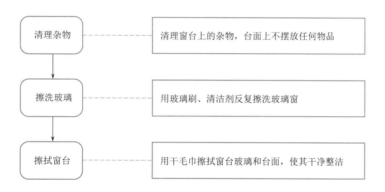

图 2 - 3 - 10　窗台的清扫步骤

（a）擦拭台面

（b）擦拭玻璃

图 2 - 3 - 11　窗台的清扫示例

（2）窗台有明显的污垢来源，也应采取相应的措施对污染源进行处理。如切削时产生大量粉末飞溅到窗台上，应采用盖板或挡板，避免粉末飞溅。

（3）对于窗玻璃，应注意将其两面都清洗、擦拭干净。

（4）对于窗框内部、窗台与窗框形成的死角，应彻底挖出污垢，清洗干净。

（5）窗台台面及玻璃有破损的地方，应及时进行修补或更换。

2.3.3.3　工具的设备清扫

（1）设备清扫。设备一旦被污染，就容易出现异常甚至出现故障，并缩短寿命周期。因此，每天应对设备进行清扫。在清扫的过程中检查异常，清扫的步骤如图 2 - 3 - 12 所示。发现异常后及时进行处理。设备清扫示例如图 2 - 3 - 13 所示。

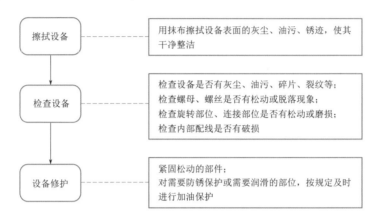

图 2 - 3 - 12　设备的清扫步骤

1）某些设备维修过多次但仍然频繁发生故障，细致、精密的改善，对于无法维修的设备，应彻底进行清扫检查，然后进行适当地淘汰。

2）在日常工作中，工作人员应将清扫与点检、保养主作充分结合。工作人员对设备进行清扫时，不但要对设备本身进行检查，还要对辅助设备进行彻底的检查。如检查限制开关是否老化、损坏。

3）对设备进行检查时，还应检查设备周边的清洁状态，如不需要物品是否按规定进行处理，是否有杂物堆放，设备周边环境是否干净整洁。

图 2 - 3 - 13　设备清扫示例

（2）工具清扫。工具表面的油污、灰尘也会影响工具的精度、效用，因此，现场人员应及时对工具进行清扫。其清扫要点包括清理杂物、擦拭工具、修复异常，具体如图 2 - 3 - 14 所示。

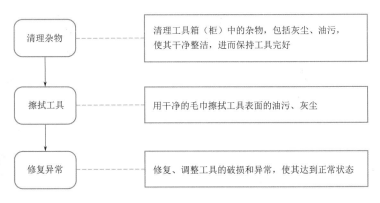

图 2 - 3 - 14 工具清扫要点

2.3.3.4 办公台的清扫

清扫办公台，就是采取相关措施，保持办公台干净整洁。办公台的清扫包括办公台面清扫和抽屉清扫。

（1）办公台面清扫。办公室人员对办公台面进行清扫，应把握以下几项要点：清理杂物，清扫办公台面，清扫台面的物品。

清理杂物，需要落实整理整顿工作的内容，将"不需要"的物品从桌面清除，将必要的物品按其使用频率置于文件夹、抽屉中、物品柜内。

清扫办公台面，其工作要点如下：

1）办公台面清扫时各个部位都不放过，包括摆放物品角落及桌子侧面和底部。

2）清扫台面时，可将桌面上的物品暂时搬离桌面，再清扫。

3）先用湿抹布擦拭各个部位，然后用纸巾擦去水渍、污垢，使各部位无灰尘、无污垢。

4）对办公台破损的部位，应采取措施进行修补。

清扫桌面的物品，需要对电脑等物品依次进行擦拭、清扫，保证其清洁、完好，工作要点如下：

1）清扫电脑时，应使用卷纸擦拭显示器屏幕，用干毛巾擦拭其他部位，电脑键盘的缝隙也要清扫干净。

2）清扫电话时，应拿下话筒，对各个容易藏污的凹陷部位进行仔细擦拭。

3）清扫其他物品时，也应注意其细节部位，并保持物品完好。

办公台面的清扫示例如图 2 - 3 - 15 所示。

（2）抽屉清扫。清扫抽屉时，首先应按使用频率处理掉抽屉里的杂物，再将物品取出来，对抽屉内外进行彻底的清扫。办公抽屉的清扫步骤不再赘述，其注意事项如下：

1）将物品取尽之后，应将抽屉取出来，再翻转过来，倒出里面的灰尘。

2）对抽屉的四壁和壁脚，应使用毛刷进行特别的清理。

3）对抽屉中有缝隙的地方，应采用干胶进行填补，以免堆积污垢。

4）清扫过程中，应检查抽屉是否有破损、滑轨是否良好。①如果抽屉存在破损，应及时进行修复；②如果滑轨生锈或失灵，应加少量润滑剂，使其恢复良好状态。

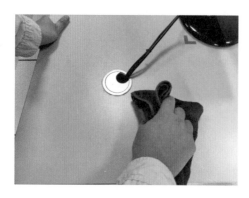

图 2 - 3 - 15　办公台面的清扫示例

办公抽屉的清扫示例如图 2 - 3 - 16 所示。

图 2 - 3 - 16　办公抽屉的清扫示例

2.3.3.5　文件资料清扫

文件资料的清扫，不同于一般物品的清扫。其清扫步骤是，首先取出文件，对文件进行清理，然后对文件盒进行清扫，最后将文件重新装入文件盒。具体步骤如图 2 - 3 - 17 所示。

图 2 - 3 - 17　文件的清扫步骤

（1）清理文件，应首先将文件资料从文件盒中取出，并按顺序丢弃不用的文件。不用的文件资料如下所示：

1）过时表单、报告书、检验书、无用的名片、贺卡等。

2）修正完毕的原稿。

3）过期的报纸、杂志、会议通知、联络单等。

4）处理过的各式表单。

（2）擦拭文件盒，先用湿毛巾将文件盒里里外外擦拭一遍，再用纸巾擦去污垢。

（3）文件归位，是指在清扫文件盒之后，将清理后的文件重新放入文件盒，并删去目录中已被丢弃的文件名，重新编制索引。

2.3.3.6 仓库清扫

仓库的清扫，包括仓库货架的清扫和货架上货物的清扫。

（1）仓库货架的清扫。仓库货架的清扫，是仓库清扫的基本工作，其主要清扫要点如下：

1）清除杂物，指将仓库内不需要的物品和损坏的物品清除出去。

2）扫除脏污，需要对仓库的地面、墙面、窗户及货架下面等进行彻底清扫，保证无脏污、无灰尘。

3）擦拭货架，指用干抹布擦拭货架的每一个部分，尤其对于货架与货物接触的部位，应特别进行仔细擦拭，以观察货物是否存在损伤。

4）检查环境，就是在清扫的过程中，检查仓库的通风装置、防潮防腐装置等是否良好，如有问题应及时采取措施进行修复。

（2）货物的清扫。对于货架上物品的清扫，把握以下四项要点：

1）清理物品：根据整理工作的相关规定，清理货架上变质、损坏的物品。

2）擦拭货物：根据物品的特性，采用合适的方式对货架上的货物进行擦拭。

3）检查包装：在清扫过程中检查包装是否完好，如有破损应及时修复或更换。

图 2 - 3 - 18 货物的清扫示例

4）检查标识：检查物品标识是否清晰准确，是否破损，如有问题及时处理。

货物的清扫示例如图 2 - 3 - 18 所示。

2.4 清洁实施内容

2.4.1 清洁的基础知识

2.4.1.1 清洁的含义

如图 2 - 4 - 1 所示，清洁是在整理、整顿、清扫之后，将整理、整顿、清扫 3S 实施的做法制度化、规范化，维持其成果。

图 2 - 4 - 1 清扫的含义

清洁的要点是工作标准化、明确责任人、监督检查，具体如下：

（1）标准化：制定明确的整理、整顿、清扫制度，规定清洁目标、方法，将其标准化。

（2）明确责任人：明确厂站内所有区域的责任人。

（3）监督检查：通过定期检查、相互监督、评比互查等方法，加强对清扫工作的检查监督。

清洁的目的是通过制度化来维持成果，成为标准化工作的基础，具体如下：

（1）维持整理、整顿、清扫的成果，保持清洁的工作环境。

（2）清洁的工作环境，为生产标准化作业提供了保障。

2.4.1.2　清洁的标准

清洁标准可使清洁工作内容和目标更明确化。因此 7S 推行人员应根据各部门的工作内容、工作环境制定明确的清洁标准，以指导各部门清洁工作。清洁标准见表 2-4-1。

表 2-4-1　　　　　　　　　　　清　洁　标　准

项次	检查项目	等级	对 应 标 准
1	通道和设备区	1级	没有划分
		2级	划线清楚，地面未清扫
		3级	通道及设备区干净、整洁、令人舒畅
2	地面	1级	有污垢，有水渍、油漆
		2级	没有污垢，有部分痕迹，显示不干净
		3级	地面干净、亮丽、感觉舒畅
3	货架、办公桌、功能室	1级	很脏乱
		2级	虽有清理，但还是显得脏乱
		3级	任何人都觉得很舒服
4	区域空间	1级	阴暗，潮湿
		2级	有通风，但照明不足
		3级	通风、照明适度，干净、整齐、感觉舒服
备注	1级：差；2级：合格；3级：良好		

2.4.1.3　清洁的实施步骤

在清洁活动中，各部门、厂站人员应首先贯彻落实整理、整顿、清扫工作的内容，然后由 7S 推行委员会确定各区域责任人，责任人负责相应区域清洁状态的监督检查，并将检查结果反馈给 7S 推行委员会分析，不断完善。清洁实施步骤如图 2-4-2 所示。

图 2-4-2　清洁实施步骤

图 2-4-3　责任人标示牌

（1）开展 3S 工作，就是根据前文的方法开展整理、整顿、清扫工作。开展 3S 工作要注意以下两点：

1）如果前 3S 实施半途而止，则原先设定的画线标示与废弃物的存放地会成为新的污染而造成困扰。

2）各部门负责人和班站长应主动参加。

（2）工作标准化，是指整理、整顿、清扫的工作标准、工作方法和监督检查办法，以便将各项活动标准化、制度化，以维持各项工作成果，并使其不断完善。

（3）设定"责任人"，"责任人"必须以较厚卡片和较粗字体标示，并且张贴在责任区最明显易见的地方。责任人标示牌如图 2-4-3

所示。

（4）监督检查，是为确保清洁活动持续、有效开展，由责任人定期检查与突击检查，并将检查情况反馈给 7S 推行委员会。

（5）分析完善，指分析检查中出现的问题及原因，及时提出整改措施，以保持清洁状态。

2.4.1.4　清洁的注意事项

清洁活动可有效维持现有工作成果，对现有不足做出反省，采取对策，并为活动的深入做铺垫，它是 7S 活动的稳定、提升阶段。清洁工作的注意事项如图 2-4-4 所示。

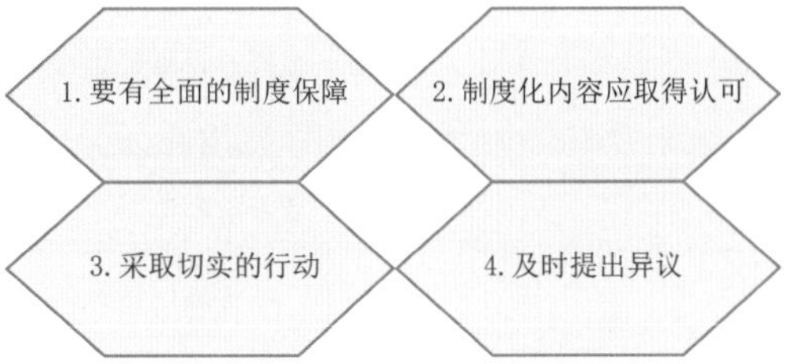

（1）要有全面的制度保障，指为全面落实整理、整顿、清扫工作，应制定工作标准，实现全方位的保障。

（2）制度化内容应取得认可，是因为如果只制定了明确的清洁标准、办法，而没有得到员工的普遍认同，清洁工作也不能取得良好效果。因此应透过自下而上的会议讨论，谋求全体员工的认可。

图 2-4-4　清洁的注意事项

1. 要有全面的制度保障　2. 制度化内容应取得认可
3. 采取切实的行动　4. 及时提出异议

（3）采取切实的行动，指实施清洁活动，不仅在于将措施制度化，更在于将制度落实到行动上。比如，现场有杂物应立即清理，现场有脏污应立即清扫，现场标识不清晰应采用合适的方法进行重新标识。

（4）及时提出异议，指在清洁活动中，员工发现清洁标准和相关制度与工作实际不相符的地方，应及时提出异议并采取相应措施进行处理。

2.4.2　清洁的方法技巧

2.4.2.1　开展 3S 活动：清洁活动的基础

开展 3S 活动是指彻底贯彻落实整理、整顿、清扫，为清洁活动打好基础。

第2章 7S管理内容

（1）在整理活动中，各部门首先按照7S推行委员会的要求制定严格的要与不要的标准，进而通过全面检查、重点检查、下班检查确认要与不要物品，再利用红牌作标记不要的物品，最后通过每日循环整理，合理处理不要物品。

（2）在整顿活动中，各部门通过区域规划、定位定容定量、明确标识和及时归位，使物品摆放整齐、方便存取，同时逐渐形成整顿活动的规格化、制度化。

（3）在清扫活动中，通过明确责任区、制定清扫标准、随时工作随时清扫、查找控制污染源等措施，使环境整洁干净，提高工作效率。

以上措施是相辅相成的，各部门必须将其结合起来坚持实施，使其在日常工作中形成习惯，形成规范，为清洁工作打下基础。

2.4.2.2 清洁活动中自我检查：以便主动改进

清洁活动自我检查，就是现场员工定时、不定时地依照清洁活动检查内容对员工个人清洁及工作现场进行检查，以便发现问题及时改进。清洁活动的自检内容，应根据员工自身工作内容和7S活动相关要求来确定。自检内容见表2-4-2。

表2-4-2 自检内容

项 目		自检内容	改进措施
自我清洁		检查自身着装的整齐情况和清洁度	及时拉伸衣服的皱褶；将糟乱的地方弄齐整，掸去灰尘
工作现场清洁	整理	检查现场物料、工具是否必需	及时按要求处理不同的物品
	整顿	检查设备、工具、物料是否必需	将移位的物品放置到指定位置
		检查物料是否按要求摆放	将混乱的物料按先后批次放置；同一批次的物料，将轻的放上面
		检查物品、设备标签是否牢固，标识是否清晰	固定可能脱落的标签
	清扫	检查现场是否清洁	清理地上的杂物，如废料；擦拭地面的脏污
		检查设备、工具是否有灰尘，是否有脏污	有抹布擦拭设备、工具上面的灰尘污垢

2.4.2.3 及时巡查清洁活动：以便及时整改

在清洁活动中，7S推行委员会应首先制定巡查标准，然后组织责任人定期或不定期到现场进行巡查，了解清洁活动的实际成果和存在问题，并针对问题及时提出整改意见，督促现场人员进行整改。清洁活动巡查的步骤如图2-4-5所示。

图2-4-5 清洁活动巡查的步骤

（1）制定巡查标准，就是7S推行委员会根据巡查对象确定清洁标准，进而制定巡查表。

（2）进行巡查，是指在清洁活动中，上级部门到现场了解清洁活动效果及存在的问题，是一个互动的过程。巡查工作的要点如下：

56

1）责任人在巡查中要关注细节和角落，通过关注每一个细节，带动全员的重视，以推动改善现场清洁工作。

2）责任人对好的地方要肯定和表扬，有缺陷的地方要当场指出，并限期整改。

3）责任人要对现场巡视过程做好记录，以便及时按要求进行正确的整改。

（3）巡查结束后，责任人将巡查情况反馈给7S推行委员会。同时，现场人员对有问题的地方，应按照记录、整改意见和自己的想法逐项进行整改。

2.4.2.4　定期检查评比奖惩：保证活动持续进行

清洁的定期检查评比奖惩，是指7S推行委员会首先确定清洁检查标准，然后组织相关人员对各部门进行检查，依据其清洁实施情况进行打分、评比，并将评比结果与绩效挂钩实施奖惩。整个过程会促使员工进行持续不断的改善，也能推动活动持续进行。

（1）确定检查标准。7S推行委员会应根据各区域工作内容、清洁责任确定检查标准。施工现场检查标准见表2-4-3。

表2-4-3　施工现场检查标准

对象	检查内容	评分标准			得分
		1分	3分	5分	
地面	作业区划线是否准确	作业区划线不全或缺少	作业区有划线，但脏污或不清晰	作业区划线清晰、标准	
	地面是否清洁	各处有垃圾，无清扫	进行清扫，略有灰尘	干净明亮	
材料	材料是否整齐、整洁	脏污、有杂物	干净，但有杂物	清洁、无杂物	
	材料放置是否整齐有序	未放在指定位置，也未按要求摆放	物品放在指定位置，但放置凌乱	物品整齐有序	
设备	设备是否准确定位	没有进行定位	有定位线，但没有放在指定位置	放置于指定位置	
	设备状态是否良好	设备脏污，有异响或异常振动	设备无脏污，但有异响、振动之类的异常	无脏污，无异常	
工具	工具是否整洁，是否摆放整齐	工具摆放混乱，且有脏污	工具无脏污，但摆放混乱	工具干净，准确定位	
标识	标识是否清晰准确	设备、材料、工具无标识	有标识，但不清晰准确	有标识，并清晰准确	

1）在制定检查表时，涵盖要尽可能广泛，使区域的责任人关注点也更广更细。

2）检查标准的描述要容易界定，有可操作性。

3）检查时，应把注意力放在容易忽视的阴暗角落，可考虑老鼠、蟑螂会按哪些路线爬动，就沿着这些路线去检查。

（2）评比和奖惩。7S推行人员对各责任区进行检查后，应根据结果进行评比，并按要求实施奖惩。

1) 评比措施。7S 推行委员会应根据实际情况对各区域清洁活动实施情况进行评比，评比具体措施如图 2-4-6 所示。

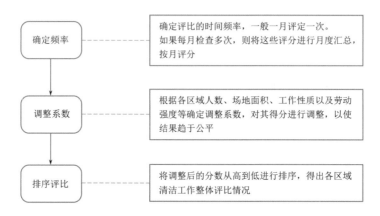

图 2-4-6 清洁活动评比措施

2) 实施奖惩。7S 推行委员会对各个区域进行检查之后，应根据检查结果进行评比，并按要求实施奖惩：对前几名的区域责任人发放奖金，对后几名的区域责任人进行扣款。

2.4.3 清洁的具体标准

2.4.3.1 办公室的清洁标准

办公室的清洁标准见表 2-4-4。

表 2-4-4　　　　　　　　　　　办公室的清洁标准

活动名称	标准
整理	员工根据定置标准，每天整理会议桌、办公台、个人抽屉内物品，保留常用物品，清理非必需品
	非定置物品及杂物不得在办公室随意摆放
	班组管理展板责任人每天整理公示文件，需宣贯的文件及时张贴公示，清理过期文件
	办公室责任人每天整理定置柜内物品
整顿	会议桌、办公台、个人抽屉内的物品定位放置，整齐有序
	办公室各打印机、标签机的纸张和耗材定置存放，及时补充
	办公用品柜、办公耗材定置摆放，及时补充
	离开座位时，立即将椅子推入桌底，下班后不得留有衣物等物品在座椅上
	每天下班前，将个人电脑、大班房通风及空调设备电源关闭
清扫	会议桌、办公台、个人抽展无杂物、无灰尘、无污垢
	每天对地面、窗户、会议桌、办公台等各方面进行彻底清扫
	办公室负责人每周对办公室清洁情况进行检查

办公室的现场看板如图2-4-7所示。

2.4.3.2　会议室的清洁标准

会议室的清洁标准见表2-4-5。

表2-4-5　　　　　　　　　　会议室的清洁标准

活动名称	标　准
整理	当值人员按照管理规定，每天整理会议桌桌面的物品，清除杂物
	非定置物品及杂物不得在会议室内随意摆放
	破损的椅子不能放置于会议室内
整顿	会议桌桌面的物品定位放置，整齐有序
	视频会议电视机、立体音响定置存放，由会议室负责人每月检查功能正常
	离开座位时，立即将椅子复位，不得留有衣物等物品在座椅上
	离开会议室前，关闭空调、照明电源
清扫	会议桌无杂物、无灰尘、无污垢
	每次使用会议室前后进行清扫
	会议室负责人每月对会议室清洁情况进行检查

会议室的现场看板如图2-4-8所示。

图2-4-7　办公室的现场看板

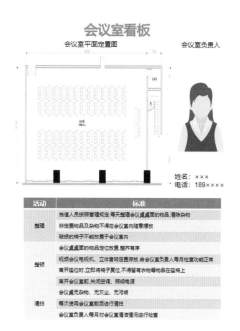

图2-4-8　会议室的现场看板

2.4.3.3　值班休息室的清洁标准

值班休息室的清洁标准见表2-4-6。

表 2 - 4 - 6 值班休息室的清洁标准

活动名称	标准
整理	当值人员根据定置标准，每天整理休息室内电视柜、茶具柜、茶几、阅读桌、报纸架、书架等物品，清理杂物
	非定置物品及杂物不得在值班休息室内随意摆放
	外来人员临时物品应由当值人员指定位置摆放整齐，及时清理
	当值人员负责更新替换每日报纸
整顿	电视柜、茶具柜、茶几、阅读桌、报纸架、书架上的物品定置摆放，整洁干净
	借用书籍前，需征得值班员同意，使用后及时归还
	当值人员应及时补充更换饮用水、纸杯
	值班员在休息时用餐，应及时清理餐具与垃圾
	离开值班休息室前，应将椅子复位，不得留有衣物等物品在座椅上，关闭空调、照明电源
清扫	保持电视柜、茶具柜、茶几、阅读桌、报纸架、书架无杂物、无灰尘、无污垢
	每天对地面、窗户、桌面进行清扫
	值班休息室责任人每周对值班休息室清洁情况进行检查

值班休息室的现场看板如图 2 - 4 - 9 所示。

2.4.3.4 餐厅的清洁标准

餐厅的清洁标准见表 2 - 4 - 7。

表 2 - 4 - 7 餐 厅 的 清 洁 标 准

活动名称	标准
整理	餐厅责任人根据定置标准，整理餐桌、消毒柜、洗碗台的物品，清除杂物
	非定置餐具及杂物不得在餐厅内随意摆放
	消毒柜内不得摆放塑料用品及其他杂物
	过期、变质的食品不得存放餐厅内
	保温柜内食品每天清除，不得留有隔夜食物
整顿	餐桌、消毒柜、洗碗台的物品定位放置，摆放整齐
	餐用调味品、餐巾纸、牙签等物品应定置摆放，及时补充
	当值人员应每天整理展板文件，及时跟进用餐计划，清理过期文件
	用餐人员离开座位，应将椅子推入桌底摆放整齐，不得留有衣物等物品在座椅上
	离开餐厅前，关闭空调、电视机、照明电源
	非用餐时间，不应在餐厅内看电视
清扫	用餐人员应自觉清理个人餐余杂物，保持餐桌干净整洁
	餐桌、消毒柜、洗碗柜上无杂物、无灰尘、无污垢
	每天对地面、窗户及餐桌下方等各方面进行彻底清扫
	每天清除餐厨垃圾，不得留有卫生死角
	餐厅负责人每周对餐厅清洁情况进行检查

餐厅的现场看板如图 2-4-10 所示。

图 2-4-9 值班休息室的现场看板

图 2-4-10 餐厅的现场看板

2.4.3.5 宿舍的清洁标准

宿舍的清洁标准见表 2-4-8。

表 2-4-8 宿 舍 的 清 洁 标 准

活动名称	标 准
整理	员工根据定置标准，每天整理床、床头柜、办公桌、衣柜内物品，清理杂物
	非定置物品及杂物不得在宿舍内随意摆放
	宿舍严禁存放易燃易爆等危险用品
	员工应每日清除各类积水，防止蚊虫滋生
整顿	床头柜、办公桌上的物品定位放置，摆放整齐
	员工衣物、鞋帽等个人用品应定制收纳、叠放整齐，不得随意摆放
	起床后，及时收拾床铺，被子折叠整齐
	个人用品使用后及时恢复原位
	人员离开宿舍前应关闭空调、照明电源
	严禁擅自拆散或移动床架、损坏衣柜
	严禁宿舍内乱拉乱接电线
清扫	床头柜、办公桌、衣柜内应无杂物、无灰尘、无污垢
	每天对地面、床底、办公桌下方等进行清扫
	员工每天应及时换洗衣物，清洁个人用品，保持宿舍干净清爽、无异味
	宿舍负责人每周对宿舍清洁情况进行检查

宿舍的现场看板如图 2 - 4 - 11 所示。

2.4.3.6　康体室的清洁标准

康体室的清洁标准见表 2 - 4 - 9。

表 2 - 4 - 9　　　　　　　　　　康 体 室 的 清 洁 标 准

活动名称	标　　准
整理	康体室使用人根据定置标准，整理体育用品柜、乒乓球台及健身器材上的物品，清除杂物
	非定置物品及杂物不得在康体室内随意摆放
	破损的健身用品及器械不能存放在康体室内
	活动人员应及时清理个人用品、饮料等
整顿	体育用品柜内物品定位放置，摆放整齐、及时补充
	健身器械定位放置，使用后及时归位、摆放整齐
	活动人员离开前应关闭空调、照明电源
清扫	体育用品柜、乒乓球台上无杂物、无灰尘、无污垢
	每天对地面、窗户等各方面进行清扫
	康体室管理负责人每周对康体室清洁情况进行检查

康体室的现场看板如图 2 - 4 - 12 所示。

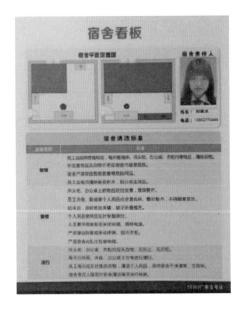

图 2 - 4 - 11　宿舍的现场看板

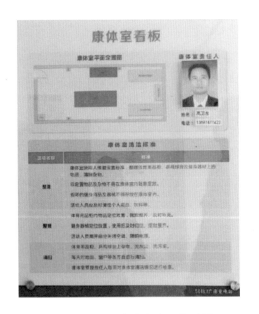

图 2 - 4 - 12　康体室的现场看板

2.4.3.7　资料室的清洁标准

资料室的清洁标准见表 2 - 4 - 10。

表 2 - 4 - 10 资料室的清洁标准

活动名称	标 准
整理	资料室使用人根据定置标准，整理书桌及资料架的物品，清除杂物
	非定置物品及杂物不得在资料室内随意摆放
	未归档技术图纸资料应在指定临时存放区摆放整齐
	易燃物品不能放置于资料室内
整顿	书桌桌面的物品定位放置，整齐有序
	图纸资料盒统一编码依次摆放、干净整齐、标识清晰
	借用图纸前，需征得值班员同意，检查图纸数量，填写借用记录
	资料室负责人每周清点资料借出记录，及时催促归还
	借用图纸资料严禁涂改、拆散、撕毁，应按需放于资料盒内
	资料室负责人每月开展运行记录归档和检查工作
	资料室负责人应及时组织新图纸技术资料等的归档入库工作，原则上一个月内完成
清扫	书桌、资料架无杂物、无灰尘、无污垢
	每月对资料室地面、窗户进行彻底清扫
	资料室负责人每月对资料室清洁情况进行检查

资料室的现场看板如图 2 - 4 - 13 所示。

2.4.3.8 材料室的清洁标准

材料室的清洁标准见表 2 - 4 - 11。

表 2 - 4 - 11 材料室的清洁标准

活动名称	标 准
整理	材料室负责人每周按照管理规定，整理材料室内物品，清除杂物
	非定置物品及杂物不得在材料室内随意摆放
	过期、破损的材料不得存放材料室内
整顿	材料应分层分类摆放，先用物品放于外侧
	细小琐碎类的材料，应使用容器收纳存放
	材料低于低限值，应及时补充
	货架上材料定位放置，间距合适，标识清晰
	领用材料时，填写《实物出入登记表》
	归还借用或用剩的材料时，应按定置放回原位，摆放整齐
	离开前关闭室内的照明电源
清扫	货架上无杂物、无灰尘、无污垢
	每月对地面、墙面、窗户及货架下方等各方面进行彻底清扫
	材料室负责人每周检查《材料物资出入登记表》
	材料室负责人每月对材料室清洁情况进行检查

材料室的现场看板如图 2 - 4 - 14 所示。

图2-4-13　资料室的现场看板

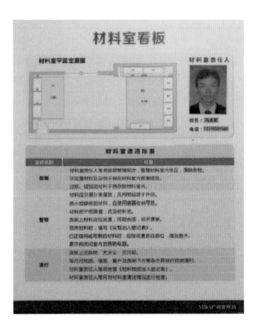

图2-4-14　材料室的现场看板

2.4.3.9　安全工器具室的清洁标准

安全工器具室的清洁标准见表2-4-12。

表2-4-12　　　　　　　　　安全工器具室的清洁标准

活动名称	标　准
整理	月度维护工作时，根据定置标准，整理安全工器具室内物品，清除杂物
	非定置安全工器具及杂物不得在安全工器具室内随意摆放
	不合格、报废安全工器具不得摆放安全工器具室内
	当值值班员负责检查清理抽湿机水箱
整顿	安全工器具柜内的安全工器具应定置摆放、整理有序
	安全工器具使用前应细致检查，归还时做好清洁，准确归位
	接地线使用后按标准缠绕，放回原位
	正压式呼吸机应定置摆放、干净整洁
清扫	安全工器具柜内及专用铁架上无杂物、无灰尘、无污垢
	每月对地面、窗户及专用铁架下方等各方面进行彻底清扫
	安全工器具室负责人每周对安全工器具室清洁情况进行检查

安全工器具室的现场看板如图2-4-15所示。

2.4.3.10　主控室的清洁标准

主控室的清洁标准见表2-4-13。

表 2 - 4 - 13　　　　　　　　　主 控 室 的 清 洁 标 准

活动名称	标　　准
整理	监盘人按照管理规定，每天整理主控台台面、抽屉的物品，清除杂物
	非定置物品及杂物不得在主控室内随意摆放
	值班负责人每天整理运维文件，及时更新清理过期文件
	当值值班员每天检查整理对讲机、电话机和事故音响
	破损的椅子不能放置于主控室内
整顿	主控台台面、抽屉的物品应定置摆放、整理有序
	打印机的纸张每值检查补充
	离开前，应将椅子复位，不得留有衣物等物品在座椅上
清扫	主控台台面、抽屉无杂物、无灰尘、无污垢
	每天对地面、窗户、主控台等各方面进行彻底清扫
	主控室负责人每周对主控室清洁情况进行检查

主控室的现场看板如图 2 - 4 - 16 所示。

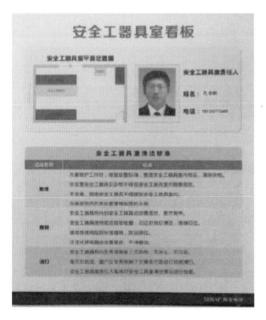
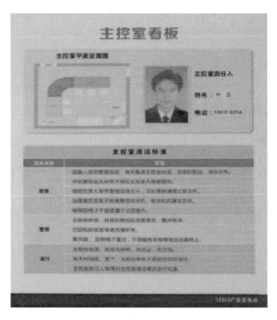

图 2 - 4 - 15　安全工器具室的现场看板　　　图 2 - 4 - 16　主控室的现场看板

2.5　素养实施内容

2.5.1　素养的基本知识

2.5.1.1　素养的含义及目的

素养主要是通过宣传和教育，使员工遵守 7S 规范，其目的是提升人员素质、养成良好习惯，使班组形成良好文化。素养的含义如图 2-5-1 所示。

图 2-5-1　素养的含义

（1）素养的要点是制度完善、活动推行、监督检查，具体如下：

1）制度完善：根据班组情况、7S 实施情况等完善现有的规章制度，如班组纪律规范、日常行为规范、7S 规范等。

2）活动推行：通过班前会（班后会）向员工推行 7S 活动。

3）监督检查：通过定期检查和不定巡检结合，加强监督、考核，使各班组员工形成良好工作习惯和素养。

（2）素养的目的是提升人员素质、形成良好习惯，具体如下：

1）提升人员素质：通过制度培训、行为培训、检查监督考核，不断提高员工素质。

2）形成良好习惯：通过宣传培训、各种活动的施行统一员工行为，形成良好习惯。

2.5.1.2　素养的表现

素养是指员工具有良好的行为习惯，同时具有良好的个人形象和精神面貌，遵礼仪有礼貌，具体内容见表 2-5-1。

表 2-5-1　　　　　　　　　　　　　　素 养 的 表 现

素养内容	具 体 说 明
良好的工作习惯	员工遵守以下规章制度，形成良好习惯： 纪律规范，遵守出勤和会议规定； 岗位职责、操作规范； 工作认真、无不良行为； 员工遵守 7S 规范，养成良好工作习惯
良好的个人形象	员工自觉从以下几个方面维护个人形象： 着装整齐得体，衣裤鞋不得有明显脏污； 举止文雅，语言得体
良好的精神面貌	员工工作积极，主动贯彻执行整理、整顿、清扫、清洁等制度
遵礼仪有礼貌	待人接物诚恳有礼貌； 相互尊重、互相帮助； 遵守社会公德，富有责任感，关心他人

2.5.1.3　素养的实施步骤

为了形成良好素养，班组应完善规章以维持活动成果，再通过开展素养活动，促使员工形成良好素养。素养的实施步骤如图 2-5-2 所示。

（1）完善规章制度。随着 7S 活动的不断深入，班组需要不断完善原有规章制度，以

图2-5-2　素养的实施步骤

维持活动成果，并使员工形成良好习惯和素养。完善规章制度的步骤如图2-5-3所示。

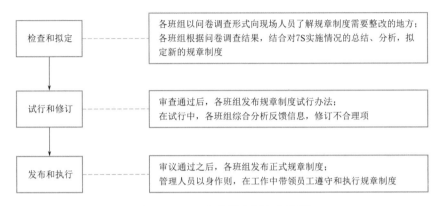

图2-5-3　完善规章制度的步骤

（2）开展素养活动。具体落实规章制度的实施，使员工养成良好素养。

（3）检查与完善。班组应定期或不定期对员工个人形象、规章制度遵守情况、工作环境等进行检查，发现问题即时纠正，以提高员工素养。

2.5.1.4　素养的注意事项

实施素养活动，如果只是一味地制定各站规章制度，可能达不到预期的效果。有效开展素养活动，应注意以下四点。素养的注意事项如图2-5-4所示。

（1）加强规章制度解释。若规章制度得不到员工的理解，员工不会主动去遵守。在工作中，组应对员工进行规章制度培训，采用典型案例教育、情景模拟等办法解释规章制度条款的意义。

（2）广泛开展素养活动。班组应有效开展班前班后会、员工改善提案讨论会等素养活动，在活动中让员工深刻体会素养

图2-5-4　素养的注意事项

的含义，并在日常工作中付之以行动，并养成良好的习惯。

（3）奖惩办法落到实处。在日常工作中，对于违规的行为，应按规定进行处罚，以对员工起到警示作用，从侧面提高其素养。

（4）素养形成贵在坚持。通过一系列活动后，员工对7S工作已形成一定的认识和理解。要彻底开展7S活动，使员工养成良好习惯并内化为良好素养，还需要长期坚持。

2.5.2　素养的方法技巧和具体实施

2.5.2.1　素养的方法技巧

（1）员工行为规范：提升素养的基础。企业首先应该让员工遵守班组规定，提高员工

行为规范包括岗位规范、形象规范、公共安全卫生等内容，进而提升自身素养。素养的方法技巧见表 2-5-2。

表 2-5-2　　　　　　　　　　　　素 养 的 方 法 技 巧

素养项目		内　　　容
岗位规范		遵守上下班时间，不迟到、不早退； 遵守工作纪律； 严格按相关规程开展工作
形象规范	着装要求	着统一工作服，并穿戴整齐
	礼仪礼貌	行为礼貌有节，使用礼貌用语
安全卫生	安全工作	在工作中严格遵守安全操作规程； 掌握安全知识，培养预防和处理事故的能力
	公用卫生	爱护公物，注意设备、设施的保养和维护； 爱护公共环境卫生，并严格执行工作场所各区域制定的整理、整顿、清扫、清洁细则

（2）让员工理解规则：以便遵守规则。在日常工作中，7S 推行人员可利用班前会、班后会的时间向员工深入讲解 7S 活动推行规则，并采取班前（班后）培训、情景教育和反面教材的形式加深员工对规则的理解，具体如图 2-5-5 所示。

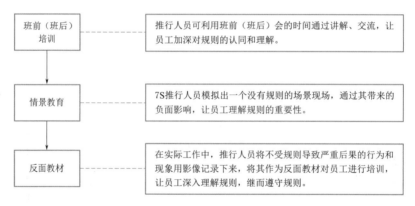

图 2-5-5　理解规则的方法

1）班前（班后）培训情景教育。根据班组实际情况，利用班前（班后）的时间向员工讲解 7S 活动推行规则、站内纪律规范培训以及日常行为规范培训，让员工理解规则、遵守规则。

班前会 7S 活动推行规则讲解如图 2-5-6 所示。

班前会安规学习如图 2-5-7 所示。

办公桌抽屉整理教育如图 2-5-8 所示。

公共区域清洁教育如图 2-5-9 所示。

礼仪礼貌教育如图 2-5-10 所示。

休息室整顿教育如图 2-5-11 所示。

安全带整理教育如图 2-5-12 所示。

横幅整理教育如图 2-5-13 所示。

图 2-5-6　班前会 7S 活动推行规则讲解

图 2-5-7　班前会安规学习

图 2-5-8　办公桌抽屉整理教育

图 2-5-9　公共区域清洁教育

图 2-5-10　礼仪礼貌教育

图 2-5-11　休息室整顿教育

图 2-5-12　安全带整理教育

图 2-5-13　横幅整理教育

2）情景教育。7S 推行人员模拟出一个没有规则的情景现场，通过其带来的负面影响，让员工理解规则的重要性。相比较之后，员工会理解活动相关规则的意义，进而会主动遵守规则。

a. 材料室寻物情景。让员工自己去杂乱的材料室中寻找一件物品，如图 2-5-14 所示。经整理、整顿、清扫和清洁活动后，再去材料室寻找同样的物品，如图 2-5-15 所示，相比较之后，员工会理解活动相关规则的意义，进而会主动遵守规则。

图 2-5-14　未经 7S 活动前的资料室

图 2-5-15　经 7S 活动后的资料室

b. 工具柜取操作把手情景。让员工自己去杂乱的工具柜中寻找操作把手，如图 2-5-16 所示。经整理、整顿、清扫和清洁活动后，再去工具柜寻找同样的操作把手，如图 2-5-17 所示。

图 2-5-16　未经前述 7S 活动时的
工具柜室

图 2-5-17　经前述 7S 活动后的
工具柜室

c. 反面教材。在实际工作中，7S 推行人员将不遵守规则的行为和现象用手机拍摄下来，并在班前会（班后会）上将其作为反面教材对员工进行培训，让员工股深入理解规则，继而遵守规则。反面教材和正确示范如图 2-5-18~图 2-5-25 所示。

图 2-5-18 反面教材：未穿戴好工作服、
安全帽进入场地

图 2-5-19 正确示范：进入场地前应
穿戴好工作服、正确佩戴安全帽

图 2-5-20 反面教材：未关好开关室

图 2-5-21 正确示范：应关好开关室

图 2-5-22 反面教材：会后桌椅
没有摆放整齐

图 2-5-23 正确示范：摆放标准

图 2 - 5 - 24 反面教材：水龙头
没有关好

图 2 - 5 - 25 正确示范：不用时
应关好水龙头

（3）督导员工遵守规则：才能形成素养。在日常工作中监督员工遵守规则，对于不遵守规则的员工可实施奖惩不断纠正其行为，从而逐渐形成良好的素养。其具体步骤如图 2 - 5 - 26 所示。

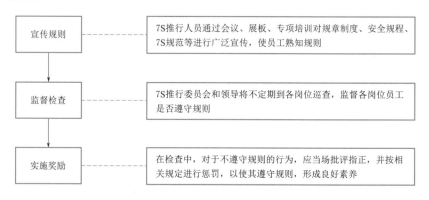

图 2 - 5 - 26 督导员工遵守规则的步骤

2.5.2.2 素养的具体实施

（1）工作素养的提升措施。

1）工作素养的检查内容。工作素养的检查内容主要包含班前行为、班中行为和班后行为，具体见表 2 - 5 - 3。

2）工作素养的检查措施，应根据内容的不同而采用不同的方法，具体见表 2 - 5 - 4。

表 2 - 5 - 3 工作素养的检查内容

项 目	检 查 内 容
班前	员工是否5分钟到岗，准时参加班前会、班后会； 员工是否按照要求穿戴工作服和劳保用品； 在使用工器具、仪表等，是否检查器具的完好性、适用性

项 目	检 查 内 容
班中	员工是否按岗位规程和作业计划开展日常工作； 员工在工作中是否有串岗、闲聊、睡觉等行为； 员工在工作中是否有违反安全注意事项的行为； 是否利用生产停顿时间，对现场进行5分钟清洁，清理不需要的物品，将设备、工具、物料等定位放置，并通过清扫、擦拭保持地面、工作台面、设备整洁，无灰尘，无污垢； 是否主动对设备、设施、部件进行保养和维护； 是否有随地吐痰、随地扔垃圾及故意损坏公司物品的行为； 是否按照节水、节电、节省原材料； 因身体不适或其他原因需要暂离工作岗位，是否向上级报告
班后	下班前，员工是否将工作过程中使用的工器具、材料、物品归位到指定的位置； 是否关闭设备开关、电器开关、阀门、门窗、铁锁等五防铁具； 是否将当天工作情况正确及时汇报； 是否将工作票、操作票归档，完成闭环流程； 是否按时参加班后会

表 2－5－4　　　　　　　　　　　**工作素养的检查措施**

检查方法	具 体 措 施
互检	各工作区域之间，岗位之间，相互监督、相互检查，发现问题及时指出，以不断改正和完善
定检	7S推行委员会及各部门不定期对现场员工的工作素养进行检查，发现违规的行为，及时制止并批评指正
抽检	在生产现场安装摄像头，对现场情况进行实时监控，并不定期调取录像检查

（2）生活素养的提升措施。

1）生活素养的检查内容。生活素养的检查内容主要包含日常行为、仪容仪表和礼仪礼貌，具体见表2－5－5。

表 2－5－5　　　　　　　　　　　**生活素养的检查内容**

项 目		检 查 内 容
日常行为		员工是否在班前会、班后会提前5分钟到岗，并按照规定着统一工作服； 员工是否按规定对责任区实施整理、整顿、清扫、清洁活动； 是否遵守各区域的管理规定； 下班前，是否收拾整理当日的工具、用品，将其归位到指定的位置； 是否清洁工作区域和办公区域，使其保持整齐、干净； 离开办公区域是否及时关闭电脑、空调、门窗等
仪容仪表	头发	员工头发是否干净整齐； 男员工头发长度是否符合要求，最长不能及耳； 女员工是否烫发
	面容	员工面容是否干净整洁； 男员工是否留胡须； 女员工是否化浓妆
	衣物	员工是否着统一工作服上班； 员工衣服是否干净、整洁

续表

项　目	检　查　内　容
礼仪礼貌	与同事、上级见面时，是否主动问好； 与他人交谈时是否使用礼貌用语； 与他人交谈时是否专心致志，面带微笑

2）生活素养的检查措施。员工生活素养的检查和提升，应根据不同的素养内容而采用不同的方法，具体见表2-5-6。

表 2 - 5 - 6　　　　　　　　　　生活素养的检查措施

素养内容	检　查　方　法	提　升　措　施
日常行为	抽检：7S推行委员会不定期到各岗位进行检查	对检查中发现的不符合要求的行为，勒令改正，并使违规行为的具体内容，根据班组纪律，进行相应处罚
仪容仪表	定期检查：7S推行委员会定期到各岗位进行检查	对定期检查中发现仪容仪表不符合要求的，应进行批评教育，使员工主动去调整仪容仪表，提升自身素养
礼仪礼貌	互检：各岗位人员在日常交往中互相监督，互相检查	各岗位人员在互相监督中，及时指出对方的不足，以使其不断改善

2.6　安全实施内容

2.6.1　安全的基础知识

2.6.1.1　安全的含义

安全是消除安全隐患，预防安全事故，保障员工的人身安全，保证生产的连续性，减少安全事故造成的经济损失。

（1）7S的安全不是电力安全体系的全部，电力企业的安全认证等不是7S安全的范畴。

（2）7S安全活动的主要内容围绕现场来展开，包括现场安全检查、安全教育培训、安全隐患排查、危险作业分析等。

（3）要想在变电站中推行安全活动，企业必须加强对员工的安全培训，改变员工的安全意识，消除大家对安全的麻痹心态。

（4）7S安全活动的原则是重在预防，确保没有事故发生，也没有安全隐患。

2.6.1.2　安全管理的对象

7S活动的过程中，安全管理的对象主要包括人员、财务和现场环境，即需要确保变电站值班员的安全、财务的安全和现场环境的安全。

（1）人员的安全。人员的安全的标准就是安全和健康，需要做好以下几项工作：

1）进行员工安全防护，如穿戴好各种防护用品。变电站员工穿戴消防安全防护装备如图2-6-1所示。

2）对员工进行安全操作的培训和检查。员工进行电动刀闸操作培训如图 2-6-2 所示。

图 2-6-1　变电站员工穿戴
消防安全防护装备

图 2-6-2　员工进行电动刀闸
操作培训

3）定期组织员工进行健康检查。

（2）财务的安全。物品的安全能够保证员工的安全，是安全管理的主要内容。主要涉及以下几个方面的内容：

1）设备的安全：设备在运行时不对变电站员工造成伤害。设备场地的安全距离警示牌如图 2-6-3 所示。

2）工器具的安全：员工在使用工器具时不对员工的安全和健康生产危害。

3）财物的安全：站内财物设定专门的存放区域，避免出现丢失、被盗情况。

（3）环境的安全。环境的安全是指员工在开展工作的过程中，工作现场环境不会对其造成安全和健康的危害。工作环境危险提示如图 2-6-4 所示。

图 2-6-3　设备场地的安全距离警示牌

图 2-6-4　工作环境危险提示

2.6.1.3　安全管理的实施步骤

为了使安全管理取得有效的成果，需要确定安全管理活动的实施步骤，以便按步骤实施。步骤如下：

（1）建立安全管理机制：主要包括安全管理组织结构、安全管理制度、岗位安全操作规范等内容。

（2）开展安全培训教育：定期开展安全培训教育活动，做好安全宣传工作，培养员工安全意识，提高员工的安全技能。

（3）做好各类安全标识：对各类危险区域、带电设备、机械工具、场所等进行相关安全标识，以时时警示现场作业人员。

（4）进行安全巡查：定期或不定期地对现场进行巡查，以发现安全隐患。

（5）整改安全隐患：对于安全巡查过程中发现的安全隐患，应立即采取措施进行消除。

2.6.2　安全管理方法

2.6.2.1　安全培训

（1）在每日班前会中进行安全培训。

（2）定期召开安全大讨论，如图 2-6-5 所示。

图 2-6-5　班前会安全学习

2.6.2.2　安全隐患排查

安全隐患的排查可从现场环境、设备设施、安全设施、生产作业、危险品等方面入手，变电站安全隐患排查见表 2-6-1。

2.6.2.3　安全隐患治理

在安全隐患排查结束之后，应对各部门检查发现的安全隐患进行整改治理，以便彻底地消除安全隐患。具体治理措施及说明见表 2-6-2。

表 2-6-1　　　　　　　　　　　　变电站安全隐患排查表

类　　别	项　　目	要　　求
现场环境	温度、湿度	符合设备运行要求
	噪声、振动	符合设备正常运行要求
	易燃、易爆环境	无泄漏，符合防火要求
	有毒环境	无泄漏，检测装置正常运转
	安全、警戒范围	有标示、合理设置
	小动物	无小动物，有防小动物措施
	地面	无湿滑、积水、凹凸不平等问题
设备设施	设备	符合设备运行要求
	仪器、仪表	功能正常，在试验周期内
	电缆沟、管道	布局合理，符合防火要求

续表

类　别	项　目	要　求
安全设施	安全措施	步骤足够且正确
	防火设施	布局合理、数量充足、可正常使用
	安全通道	保持在可用状态
生产作业	劳保用品	充分、正确地佩戴或使用
	作业方法	按安全作业规程执行
	物品搬运	按规定动作进行搬运
	动火作业	履行动火作业要求
	高空作业	采取高空作业保护措施
危险品	危险品的放置	分类放置、有防护措施
	危险品的保管	专人保管、有明确保管方法

表 2-6-2　　　　　　　　　安全隐患治理措施

措　施	说　明
技术类措施	要求专业班组（工作人员）对设备进行维护、消缺、检修、大修技改、加装安全标示等措施，消除安全隐患。 在制定安全技术类措施时，要遵循消除隐患、安全预防、减弱危险、隔离隐患、警告等原则
管理类措施	制定相应的操作规范，确保变电站工作人员在运维、检修、定检、搬运的过程中严格按照操作规范进行

2.6.2.4　事故预想及演练

事故预想及演练是针对变电站电网、设备运行的特点，以可能出现的事故、事件为对象，以运行人员为团队开展的一项演练活动。

变电站每月进行一次事故演练，包括事故跳闸、设备起火、设备异常、站用电全失等紧急异常情况；同时每季度进行一次双盲事故演练，考验班组的应急响应能力。跳闸、消防演练示例如图 2-6-6 所示。

图 2-6-6　跳闸、消防演练

2.6.2.5 使用安全标识

安全标识是一种防御性的安全警告装置，进行安全标识可以实现安全的可视化，有效提高作业人员的警觉性，防止事故的发生。

（1）使用安全色。通过设置安全色的方式对禁止、警告、指令等的进行标识，使人们迅速发现或分辨安全标识，提醒人们注意，预防事故发生。安全色的图示说明见表2-6-3。

表2-6-3　　　　　　　　　　　　安全色的图示说明

安全色	图示	说　　明	安全色	图示	说　　明
红色		表示禁止、停止、消防和存在危险的状况	蓝色		表示指令，即必须遵守的规定的情况
黄色		表示警告、注意等情况	绿色		表示通行、安全和提供信息的状况

（2）使用安全标语。为了提高作业人员的警觉性，可在工作现场悬挂相关的安全标语，让员工时刻都能够看见，从而警示其注意安全。设备现场安全标语如图2-6-7所示。

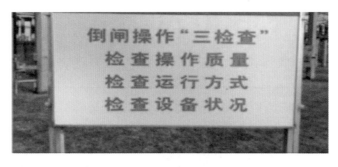

图2-6-7　设备现场安全标语

（3）设置安全标志。通过设置安全标志来进行安全防护，安全标志分禁止标志、警告标志、指令标志和提示标志四大类型。安全标志类型、说明、基本形式及图例见表2-6-4。

表2-6-4　　　　　　　　　　　　安　全　标　志

标志类型	标　志　说　明	基　本　形　式	图　　例
禁止标志	禁止不安全行为的图形标志	带斜杠的圆边框	
警告标志	引起注意，避免发生危险的图形标志	正三角形边框	

标志类型	标 志 说 明	基本形式	图 例
指令标志	强制必须做出某种动作或采用防范措施的图形标志	圆形边框	
提示标志	提供某种信息的图形标志	正方形边框	

（4）消防设施标识。各类消防标识见表2-6-5。

表2-6-5 各类消防标识

标识名称	图 示	标识名称	图 示
安全出口标识		消防提示	
严禁烟火			
消防器材		消防设施标识	

2.6.2.6 穿戴安全防护用品

应当为员工配备与工作岗位相适应的符合国家标准或行业标准的劳动防护用品，并监督、教育从业人员按照使用规则佩戴、使用。变电站员工安全防护用品及穿戴如图2-6-8所示。

2.6.2.7 安全监督

为及时发现和纠正人的安全行为和物的不安全状态，弥补管理缺陷，消除安全事故隐患，采取防范措施，确保员工的安全，需要对企业内的全体员工进行安全的监督和检查。安全检查项目见表2-6-6。

（a）劳动保护穿戴　　　　（b）正压式呼吸器　　　　（c）防电服

图 2-6-8　变电站员工安全防护用品及穿戴

表 2-6-6　　　　　　　　　　　安全检查项目表

检查类型	具体说明
日常检查	在日常工作过程中，站长、值班长、专项管理员、设备主人需要对变电站进行日常检查
定期检查	变电管理所、安监部、班组对生产现场进行定期全面检查
季节性检查	由运行人员根据天气、季节实施防风防汛、防污闪、防高温低温等方面检查
节假日检查	在节假日进行针对性的保供电检查
专项检查	对重点项目、高风险项目及易发生安全隐患的项目，实行专项重点检查和跟踪，应制定相应的专项检查

2.6.3　安全管理的实施

2.6.3.1　安全培训实施

（1）班前会十分钟。

1）站长、值班长结合当天工作安排，提醒员工安全注意事项。

2）针对近期下发的事故通报、安全规程等进行讨论学习。

3）每天班前会固定进行《电力安全设施配置技术规范》的学习，学习内容不要求多，但要保证学透、吃透。

（2）安全大讨论。

1）结合近期发生的典型性事故、事件开展安全大讨论。

2）安全大讨论要求员工举一反三，结合本站实际工作进行学习。

3）对本站发生过的安全事件进行分享，反思问题出现的原因，讨论如何防止问题再次出现。

2.6.3.2　现场作业安全

变电站现场安全管控要严格遵照《广西能源股份有限公司电力安全工作规程》中有关

工作票制度的要求。工作票流程见表2-6-7。

表2-6-7　　　　　　　　　　　　工 作 票 流 程

流　程	图　示	流　程	图　示
工作票填写		工作监护	
工作票签发、接收		工作间断、变更、延期	
工作许可		工作终结	

2.6.3.3　安全操作

倒闸操作中一旦出现误操作，将会严重危害电网稳定，轻者造成局部停电，设备损坏，重者大面积停电，危及人身安全。开展倒闸操作三针对管控措施，即针对设备、针对人员、针对操作流程，保证对倒闸操作风险管控的全方位覆盖。

（1）针对设备，制定管控措施。特别对于变电站GIS设备，提出保障现场GIS刀闸操作质量的六项检查要求，明确了设备的具体管控要求。倒闸操作七项管控措施见表2-6-8。

表2-6-8　　　　　　　　　　倒闸操作七项管控措施

管控措施	具 体 管 控 要 求
状态评估	刀闸、接地刀闸操作前应现场检查机构传动、转动部分锈蚀情况，评估是否会对操作造成影响
现场安全要求	进行GIS刀闸、接地刀闸操作过程中，操作人员、检查人员严禁停留在GIS防爆膜附近
操作方式	采取遥控操作，现场有辅助操作人配合检查位置和传动情况，不允许在机构箱手动操作
刀闸位置判断	GIS刀闸执行六项检查要求； 敞开式刀闸落实五个关键点措施

管控措施	具 体 管 控 要 求
倒母线要求	热倒的 GIS 刀闸，每操作一把母线刀闸应记录该母线所有支路电流分布情况，作为刀闸是否操作到位的辅助判据
操作票完善	所有涉及刀闸、接地刀闸操作后的位置检查项必须增加检查拐臂连杆位置的子项
操作异常处理	操作出现异常，立即暂停操作，待原因查明并消除异常后再操作，严禁擅自解锁操作或随意改为手动操作

GIS 倒闸执行的检查要求见表 2 - 6 - 9。

表 2 - 6 - 9　　　　　　　　　　GIS 倒闸执行的检查要求

检查项目	图　　示	检查项目	图　　示
转轴角位移检查		汇控柜指示检查	
连杆指示检查		后台显示检查	
机构箱指示检查		后台报文检查	

（2）针对人员，落实"先听、后看、再核查"三步走的技能要求，见表 2 - 6 - 10。提高人员判断刀闸实际位置的能力，并以军事化标准保障人员技能的有效落地。

表 2 - 6 - 10　　　　　　　　　"先听、后看、再核查"三步走技能要求

项目	说　明	图　示
先听	辨别设备操作声音是否正常	
后看	检查机械位置是否到位	
再核查	确认后台信号及其他间接指示是否一致	

（3）针对操作流程，实施军事化全过程管控，针对操作实施步骤，采用军事化管理模式对实际操作的五个关键环节进行全过程管控，即三审→接令→模拟→操作→复令。

2.6.3.4 危化品管理

危化品管理涉及危险化学品存放、搬运和使用的安全。危化品管理必须认真贯彻执行"安全第一，预防为主"的方针，加强对物品的管理力度，保障物品和人员的安全，变电站内的危化品主要涉及汽油照明灯、SF$_6$气瓶、蓄电池等。危化品管理要求见表 2 - 6 - 11。

表 2 - 6 - 11　　　　　　　　　危 化 品 管 理 要 求

危化品	存 放 要 求	图　示
汽油照明灯	存放于阴凉干燥的室内，室内严禁烟火，并保持通风，在明显处配备灭火器	

续表

危化品	存 放 要 求	图　示
SF_6 瓶	应放置在阴凉干燥、通风良好、敞开的专门场所,直立保存,并应远离热源和油污的地方,防潮、防阳光暴晒,并不得有水分或油污粘到阀门上	
蓄电池	蓄电池有专门的存储室、要求通风良好、保持一定的温度与湿度;蓄电池外壳清洁、完好,无渗液,有可独立启动的通风装置	

2.6.3.5　环境安全

工作环境是进行工作场所的地点、周围区域及通道。工作环境安全管理,有利于进一步保证员工的安全。GIS 室门口加装 SF_6 泄漏检测装置如图 2-6-9 所示。

2.6.3.6　消防安全

消防安全管理需要做好设置消防设施、消防设施的标识,同时还需要做好日常消防情况的监控,避免出现火灾,对于出现的火灾,也需要采取适当的措施进行扑灭。

(1) 设置消防设施。变电站建筑物内凡存放物品的地方、有人员活动的地方、公共场所、室外场地等需配备相应的消防器材。生产场所的消防设施如图 2-6-10 所示。

图 2-6-9　GIS 室门口加装 SF_6
泄漏检测装置

图 2-6-10　生产场所的消防设施

（2）火灾的监控。变电站设置消防主机，对各区域进行监控，当出现火灾时报警并自动启动消防装置。变电站消防监控装置如图 2-6-11 所示。

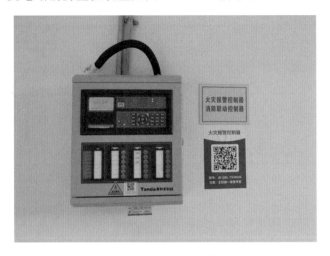

图 2-6-11 变电站消防监控装置

（3）设置消防标识。根据变电站不同区域的要求，设置消防标识，如图 2-6-12 所示。

（a）于安全出口设置"安全出口"标识

（b）在防火区域设置"严禁烟火"标识

（c）在消防器材旁设置"消防器材"标识

（d）在重点防火区域设置"重点部位注意防火"标识

（e）在特定消防设施处设置指定标识

图 2-6-12 各类消防标识

2.7 节约实施内容

2.7.1 节约的基础知识

2.7.1.1 节约的含义

节约是通过改善对物品、能源、时间和人力的合理利用，以发挥它们的最大效能，从而消除浪费，节约成本。节约的含义如图 2-7-1 所示。

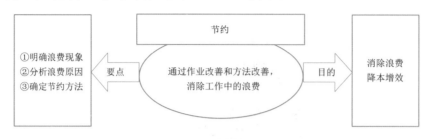

图 2-7-1　节约的含义

节约的要点是明确浪费现象、分析浪费原因、确定节约方法，具体如下：

（1）明确浪费现象，就是通过现场调研，弄清运行、维护等各个环节存在浪费的地方，如过度维护。

（2）分析浪费原因，就是针对各种浪费现象，根据其具体性质，分析其产生原因。比如分析过度维护是否由于没有做好计划而造成的。

（3）确定节约方法，是变电站在明确产生浪费的原因之后，采取有效的措施减少浪费以实现节约。比如站内因没做好月度计划安排而造成过度维护，在下一周期的维护的安排前做好充分的排查和梳理，找出突出问题并有针对性地进行安排处理。

节约的目的是通过节约教育和宣传、实施精益化管理等节约活动，提高员工的节约意识，消除浪费，同时提高资源利用效率，节约成本。

2.7.1.2　浪费的现象

变电站里的浪费现象，包括物品浪费、工具浪费、能源浪费、人力浪费、时间浪费、空间浪费等，具体见表 2-7-1。

表 2-7-1　　　　　　　　　　　浪 费 现 象 一 览 表

名　称	具 体 内 容
物品浪费	不按定额使用物料形成的浪费； 在工作中不按正确的流程指引使用造成物品浪费； 物品存放、维护方式不当造成损坏、变质等形成浪费
工具浪费	工具管理缺失，造成工具未得到充分利用形成浪费； 工具状态不佳，造成工作效率低下形成浪费； 由于缺乏物料或人员按安排不当导致工具闲置形成浪费； 工具缺乏必要的保养、维护而损坏造成的浪费； 可修理的设备以报废处理形成的浪费； 该报废的却修理，花费更多费用
能源浪费	在工作中不按定额，过多使用能源造成浪费； 放任能源流失形成浪费习惯
人力浪费	由于人员配置不当造成人员空闲形成浪费； 由于员工消极工作、技术不熟悉等原因造成工作效率低形成浪费

名　　称	具　体　内　容
时间浪费	由于定置和流程不合理造成人员移动的时间成本浪费； 由于工作过程中，多余和重复的动作带来的时间成本浪费； 由于设备带电、工具不足、工作分配不平衡、工作计划安排不当等原因导致员工等待形成的浪费
空间浪费	物品摆放不合理占用过多的空间形成的浪费； 不用的物品未及时处理，占用空间形成的浪费； 物品未按存放要求存放造成空间浪费

需要注意的是，形成某一项浪费的场合，有可能同时包含了其他种类的浪费，比如，人员配置不当，造成人员空闲时形成人力浪费；同时，空闲的人由于等待又形成时间浪费。

2.7.1.3　节约的实施步骤

变电站实施节约活动，首先明确当前存在的浪费现象，然后制定减少浪费办法，最后在工作中监督员工实施节约。节约的实施步骤如图 2-7-2 所示。

图 2-7-2　节约的实施步骤

（1）明确浪费现象：7S 推行人员通过对现场的检查和分析，了解现场存在各种浪费现象。

（2）明确节约办法：根据现场存在的各种浪费现象，有针对性地提出各种节约措施。

（3）实施节约活动：指在节约活动实施过程中，7S 推行委员会不定期进行检查，发现浪费现象时要及时给予指出，并监督其进行纠正，杜绝再次发生。

2.7.1.4　节约的注意事项

在日常工作中，节约习惯的养成，不是一蹴而就的，需要从各方面进行整改。为了使员工养成节约的习惯，变电站内在推行节约活动的过程中，需要注意的事项如图 2-7-3 所示。

（1）要加强节约宣传。因为节约也是一种素养，而素养的形成，需要站内持续地进行精神激励，以使员工形成节约习惯。

（2）要有制度保障，指为全面落实节约活动，应制定相关制度和规定以及奖惩办法等，以保障节约工作顺利开展。

（3）注意看不见的浪费，主要是指时间上的浪费，往往容易被管理忽视，造成

图 2-7-3　节约的注意事项

巨大损失。比如到子站投退重合闸，路途时间比操作的时间还要长，如果实现馈线重合闸远程投退，可以大大缩减时间。

2.7.2 节约的方法技巧

2.7.2.1 加强节约教育：提高节约意识

为提高员工的节约意识，需加强对员工的节约教育。7S 推行人员可采取各种方法对员工进行节约教育，使其养成节约意识，如进行课堂教学、节约知识小讲座等。

（1）课堂教学：利用业余时间组织员工上课，给员工讲解变电站中浪费的现象和减少浪费、厉行节约的方法。使员工树立节约意识，了解实施节约的方法。

（2）节约知识小讲座：在 7S 推行人员的组织下开展知识小讲座，让员工了解变电站资源利用情况和物品浪费情况，使员工自觉养成节约的好习惯。

（3）节约知识问答：7S 推行人员可利用空闲时间，对员工开展节约知识提问，加强对员工的节约教育，从而提高节约意识。

2.7.2.2 实施节约活动：减少现场浪费

为了减少现场工作中的浪费，7S 推行人员可根据变电站的具体情况，采取适当的节约活动。可实施的节约活动包括节约宣传活动和浪费现象及节约建议的征集活动等。

（1）节约宣传活动：7S 推行人员组织各部门充分利用网络、板报、标语等开展宣传活动，促使员工节约习惯的养成。

（2）浪费现象及节约建议的征集活动：7S 推行人员可使用问卷形式或者制定奖励办法，鼓励员工在日常工作中发现问题，解决问题，减少浪费，见表 2-7-2。

表 2-7-2　　　　　　　　　　"寻找身边的浪费"调查问卷

浪费类型	典型问题	问题归属	后果影响面	解决紧迫性	备注
安全事故事件	人身事故事件				
	误操作事故时间				
	维保"三误"事故事件				
	外委施工事故事件				
等待	倒闸操作的等待				
	开工、收工的等待				
	审批流程的等待				
	停电安排困难造成的实施等待				
	管理脱节造成的等待				
缺陷	设备质量差				
	设备老化				
	维护不周				
	监测手段不足				
	技术标准低				
	运行环境不佳				

续表

浪费类型	典型问题	问题归属	后果影响面	解决紧迫性	备注
返工	策划不周				
	责任心不足				
	施工（检修）质量把关不严				
	技术、技能水平不足				
	装备不足				
过度库存	物资计划性不足				
	物资存量不合理				
	物资管理不善				
	再利用机制不健全				
管理不善	策划不周				
	责任不清				
	形式主义				
	部门壁垒造成协调工作量大				
	执行不力				
	制度设计不合理				
	流程设计不合理				
	表单设计不合理				
	信息系统使用化程度不高				
	可视化管理水平低				
未被使用的员工创造力	人力资源配置不当				
	全员参与机制缺失				
	人员参与导向不足				
	全员参与平台不够				
	全员参与激励机制缺失				
	培训不到位				

2.7.2.3 张贴节约标识：鼓励员工节约

为达到减少浪费、降本增效的目的，7S推行人员可在各区域张贴节约标识，提醒和鼓励员工时刻注意节约。张贴节约标识的要点如图2-7-4所示。

（1）明确节约对象，就是明确指出员工在工作中应该节约的对象。

（2）确定节约办法，是指员工如何进行节约，比如，在文件名标明"双面打印"。

（3）节约标识应设置在可控物品、能源等消耗的地方，如把节约标识贴在电灯开关处。

图 2-7-4　张贴节约标识的要点

2.7.2.4　益化管理方法：消除运维浪费

变电站内的精益化管理方法就是通过一系列措施达到快速、准时、精确的生产运作，从而消除浪费，全面提高生产效率。变电站可通过精益化管理的方法，杜绝各类生产运作浪费现象。变电站要做到精益运维，必须做到合理派工、流程化作业、自动化等。精益运维的方法如图 2-7-5 所示。

图 2-7-5　精益运维的方法

（1）合理派工、均衡作业：做好周、月计划，准确预估工作量，在运维周期内均衡分配任务，使各工作小组的工作量都饱满，以减少人力和时间。同时以安全生产为前提，电网运行为重的原则，按紧急且重要、紧急不重要、重要不紧急、不紧急也不重要四个程度来进行合理的安排。实施人性化配置，追求安全和效率。

（2）流程化、标准化作业：可通过作业测定，制定标准并丰富细化作业指导书、操作票和作业指引等措施，将最有效的作业顺序、作业节拍定下来，突出重要细节，减少遗漏、重复和执行不到位等工序，从而减少人力和时间。

（3）自动化：通过一切可能的自动化、远程化装置实现监视和控制，省时省人。

（4）质量管理：全员通过有效的方法对运维工作进行质量管理，进而消除不良，减少浪费。比如在刀闸拐臂处划线，清晰地反应刀闸位置。

（5）一专多能：通过工作轮换等培养能同时做多种工作的多能人才，实现人员灵活运用。

（6）工具创先：可以通过不断改进工具的先进性，减少工具缺陷所带来的工作瓶颈。比如创新使用接地线的收卷工具，提高一些非关键工作的效率。

2.7.2.5　设定标准时间：提高作业效率

设定标准时间，让员工自己参照，审视自身的工作效率是否存在可提高的地方，令员工时间观念增强，减少时间浪费。同时让调度和外来工作班组参照，减少等待时间，令工作配合更好。

（1）需要设定标准时间的对象。变电运行工作中耗时较长的工作为大型操作、路程、全站巡视、大型的数据统计、第一二种票许可终结等；而需要紧急完成的工作是事故处理和紧急缺陷处理等。以上两种情况的工作都需要一个标准时间的作为参照。

1）耗时较长的工作如果未能把握好时间节点，一方面会带来一些重大的影响，如大型操作较慢、许可工作迟缓都可能增加外来作业人员的等待时间，甚至可能压缩批准的作业工时；另一方面会影响其他工作的人员和时间安排。因此，可设定一份详细的作业标准时间数据作为作业指引的补充，并分享供相关班组参考。

2）需要紧急完成的工作更是对时间有着特定的要求，比如事故处理时间过长，有可能会拖延用户的复电时间，甚至会影响整个单位的社会形象。其实，这些紧急处理都有已经严格的时间标准，超过的话可能会受到考核。

（2）设定标准时间的依据。统计多个员工以同一常规场景、同一工作任务、标准作业方法、标准速度进行作业所需要的时间，再取其平均值。

1）在设定标准时间前一定要实施作业的标准化，即对作业方法、作业顺序、人员配置、使用工具等进行明确，使其标准化。

2）作业要素的分割应在可观测的程度之内。

3）出现异常值，用圆圈加以识别，计算平均值时，应略去不计。

（3）超过设定标准时间后的补救和改进措施。当发现作业远远超过标准时间后，应立即实施补救措施应对，过后还要分析总结问题缘由及其对策。

1）如果是不可控因素所引起的（如设备异常、天气异常、调度等待、对旁边其他厂站的配合等），应及时与相关班组人员或值班长沟通，减少等待时间。

2）如果是自身因素所引起的（如对设备或流程不熟悉等），应及时向上级求助，免得自己越搞越浪费时间。

3）对造成重大影响的，应详细分析总结作业过程，找出浪费时间的因素，提出整改方案，并且尽快实施。例如平时可以多搞演练、利用微信群进行技术和制度等的交流学习、利用业余时间搞一些科技小创新等。

2.7.3 节约的具体实施

2.7.3.1 减少物品使用浪费

（1）物品过量使用。物品过量使用的原因一是由于节约意识不足，为此，张贴节约标识形成节约氛围尤为重要，如图 2-7-6 所示。

图 2-7-6 张贴节约用纸标识

物品过量使用的原因二是没有标准操作指引，为此，可以对操作前显眼位置补充标准操作指引，减少浪费。例如，哪种作业需要用纸质作业指导书的可以从指引中找出，免得浪费纸张，见表 2-7-3。

表 2-7-3 变电站标准操作指引

类型	工作任务	班组作业指导书	标准化作业指导书	使用移动终端	使用修编作业表格	使用站内保留作业表格
试验类	主要冷却器电源切换试验	✓		✓		
	UPS 电源切换	✓		✓		
	直流充电机交流电源切换及系统维护	✓		✓		
	事故照明切换检查	✓		✓		
	站用电交流电源备自投试验检查	✓		✓		
	喷淋实验	✓		✓		
维护类	防误闭锁装置维护		✓	✓		
	防小动物封堵及电缆检查	✓		✓		
	交直流熔断器更换	✓		✓		
	呼吸器硅胶更换		✓	✓		
	消防设施检查		✓	✓		
巡视类	日常巡视		✓	✓		
	防潮特巡		✓	✓		
	防污闪特巡		✓	✓		
	天气骤冷特巡		✓	✓		
	防风防汛特巡		✓	✓		
	高温、高负荷特巡		✓	✓		
	保供电准备		✓	✓		
验收类	全部		✓	✓		
作业表格类	仪表设备检查				✓	
	设备通风				✓	
	设备及构架与地网				✓	
	开关动作次数				✓	
	红外测温				✓	
	铁芯及夹件				✓	
	N600				✓	
	避雷器动作次数				✓	
	压板核查				✓	
	安全工器具			✓		
自制表格	设备装置日常巡视检查记录表					✓
	蓄电池测量					✓
	应急发电机					✓
	各站设备汇检					✓
	各站差异化巡视					✓

（2）物品保管浪费。物品保管浪费，一般是由存放方式或防护措施不当所引起，为此，可以做一些有针对性的措施，防止提早报废。例如，用胶箱把围网存放，可防止围网提前发霉变烂，如图2-7-7所示。

2.7.3.2 减少空间的浪费

减少空间的使用浪费，可以通过物尽其用、合理制定需求计划、控制库存量等手段，实现减少闲置和节省空间的目的。比如，把材料室大量库存的文具分发到每人一套，自己保管，一是可以减少闲置库存，二是可以不用整天为寻找文具而头痛，提高效率，如图2-7-8所示。

图2-7-7 围网存放示例图

图2-7-8 每人一套文具

2.7.3.3 减少作业过程浪费

作业浪费，主要包括作业安排不合理、作业方法不科学、作业人员技术不熟练和不按规定进行作业等。因此，应根据具体情况采用不同的措施，具体措施见表2-7-4。

表2-7-4 作业浪费原因及应对措施表

浪费原因	浪费说明	具体措施
作业安排不合理	在进行派工时，各任务安排不合理，是各工位作业不能衔接或不均衡造成的浪费	管理人员应合理安排作业计划，合理分配现场的人、工具、时间等要素，调度生产速度，减少浪费
作业方法不科学	作业方法本身存在问题，导致作业中的人力和时间等的浪费	通过调整作业指导书和操作细则等指引性资料，改善作业方法中引起浪费的环节
不按规定进行作业	人员不按规定的作业方法进行工作，造成人身、设备、设施、工具和电网等的损失	管理人员不定期进行监督与教育，督促作业人员按要求进行操作，减少浪费
作业人员技术不熟练	作业不熟练造成的时间延缓或作业结果不到位引起的浪费	对员工进行作业方法培训，使员工提升技能，减少浪费

变电站要减少作业浪费，应按如下步骤来开展：首先，进行调研，弄清产生作业浪费的位置和原因；然后，根据作业浪费产生的原因，采取对应的措施进行整改；调整后进行复查、对比、不断完善，最终解决生产中的作业浪费。

2.7.3.4 减少水电浪费

减少水电浪费，关键是要提高节约意识，因此，加强宣传，是最好的办法。其次，可以实行定期检查、奖惩制度和技术创新等方法（如声控电灯）。每月的电量报表可反映用电有无异常。减少水电浪费示例如图 2-7-9 所示。

图 2-7-9　减少水电浪费示例

变电站用电完成情况见表 2-7-5。

表 2-7-5　　　　　　　　　　　　　变电站用电完成情况表

填报中心：××巡维中心　　　　　　　　　　　　　　　　　　　填写时间：2016 年 10 月

变电站名称	电压等级/kV	主变名称	主变供电量/(kW·h)	主变总供电量/(kW·h)	站用电量/(kW·h)	站用总电量/(kW·h)	站用电率/%
A 站	500	1 号主变	144450000	347625000	19284	73296	0.02108
	500	3 号主变	203175000		54012		
	500	4 号主变					
	500	0 号主变	—		9780		
B 站	220	1 号主变	76137600	229600800	8040	11936	0.00520
	220	2 号主变	77642400		3896		
	220	3 号主变	75820800				

2.7.3.5　减少重复运维浪费

重复运维浪费，表现在重复的、无必要的巡视、维护和试验等。这些过多的工作不但对电网运行起不到什么作用，反而因为浪费了人力和时间，使得一些重点和关键工作未能得到足够的资源，特别是管辖站较多、设备量大、路途遥远、人手不足的变电巡维中心，应尽量避免重复运维浪费。而解决重复运维浪费的关键在于梳理好计划然后合理派工。减少运维过剩的步骤如图 2-7-10 所示。

图 2-7-10　减少运维过剩的步骤

（1）梳理计划：工作计划主要分为周期性计划和非周期性计划。周期性计划为年度运维任务及周期；而非周期性计划为缺陷处理、大修技改、线路维护、站内设备试验维护、保供电、重点设备特维、防风防汛等工作。

（2）派工前应梳理好周期性计划和非周期性计划，并加以比对，把重合度较高的工作加以标记，最后把这些工作落实到同一天的派工单里，实现人力、时间和交通浪费的减少。

（3）注意事项：①紧急情况下（如：事故处理、天气突变、通信中断等），必须在确保紧急工作做好的前提下，才能适当搭单做其他工作；②非周期性工作如果刚好排在已完成不久的周期性工作之后（如防风防汛特巡前一天就做过全站巡视等），必须充分考虑巡视的要点是否包含了防风防汛特巡的要点，否则，必须派工检查。另外，重新审视策划周期性计划和非周期性计划、重新调整作业指引和标准也尤为重要。

（4）执行周期性计划和非周期性计划一段时间后，做好总结，如发现收效甚微甚至无收效的话，应重新审视制定计划的必要性和频次，在下次制定计划的时候做出调整，避免以后继续浪费人力和时间等资源。

（5）在计划和派工合理的前提下，如果还是发现重复作业、无效用功的情况时，应及时提出，组织专业力量对作业标准和指引进行研讨和修改，令每一个作业流程都达到高效实用。

110kV 无人变电站年度维护计划见表 2-7-6。

表 2-7-6　　　　　　　　110kV 无人变电站年度维护计划

序号	项 目 内 容	周 期	序号	项 目 内 容	周 期
1	差异性巡视	差异化	10	直流系统及蓄电池维护	每月 2 次
2	日常巡视	每月 6 次	11	视频、安防系统维护	每月 2 次
3	全站 N600、主变铁芯及夹件接地电流测量	每月 4 次	12	消防系统实际试验	每月 2 次
			13	定置、压板核对	每月 2 次
4	工具仪表检查	每月 4 次	14	二次屏柜清扫	每月 2 次
5	消防系统维护	每月 2 次	15	双电源切换试验	每月 2 次
6	防小动物设施维护	每月 2 次	16	站用电自投试验	每月 2 次
7	清洁、绿化维护	每月 2 次	17	环网供电检查	每月 2 次
8	空调维护	每月 2 次	18	备品、备件整理	每月 2 次
9	五防系统维护	每月 2 次	19	设备、设施接地引下线测量	每月 2 次

第3章

7S 管理的典型工具

3.1 定点摄影法

3.1.1 定点摄影法的意义

定点摄影法是 7S 管理推进过程中必须使用的一种方法，是指对需要整理、整顿、清扫、清洁的设备及区域从同一位置、同一方向、同样高度在改善前和改善后分别摄影，以便清晰对比改善成效、跟踪改善精度的一种常用方法。

3.1.2 定点摄影法的作用

定点摄影法的作用主要体现一下三点：

（1）保存直观明了的影响资料，便于宣传。

（2）改善前的照片可揭问题和差距，督促责任者采取改善措施。

（3）让员工看到改善前后的效果对比，使员工获得成就感从而形成更强的改善动力。

3.1.3 定点摄影照片的使用方法

（1）将未进行改善或存在问题点的区域通过摄影照片张贴在宣传栏等醒目的位置，表明存在的问题、责任者、拍摄时间等信息，也可以通过班组或部门之间照片的横向对比，使存在问题的责任者形成无形的整改压力。

（2）将定点摄影照片冲印出来进行归纳对比，张贴在醒目位置并进行文字的说明，员工看到改善前后的巨大差异，激发员工的改善热情。某设备改善前后对比如图 3-1-1 所示。

（3）选择改善前后效果对比明显的照片可以作为范例直观地告诉其他员工应该怎样去做、如何去创新，形成竞赛氛围，调动员工的改善积极性。

3.1.4 定点摄形法的实施步骤

定点摄影的实施一般分为四个步骤：

（1）首次取像。选择需要整改的问题点，选取合适拍摄角度及位置进行拍摄，并详细记录拍摄的位置和时间，所拍摄照片标明为"改善前"照片。

（a）改善前照片 （b）改善后照片

图 3-1-1 某设备改善前后对比

（2）公示问题的照片。将"改善前"照片公示在宣传栏等醒目的未知中，并以相应的文字描述说明问题所在部门、负责人存在的问题和拍照的时间等，督促相关责任者进行整改。

（3）改善后取像。在问题点得到改善后，根据记录的取像位置，在同一位置进行取像，同时详细记录取像的位置和时间；第二次取像照片标明为"改善后"照片。

（4）公示改善前后的照片。将"改善前"和"改善后"的照片一同公示在宣传栏中，同时对问题点改善效果较好的责任者进行表彰。

3.1.5 定点摄影法的注意事项

拍摄时应该注意以下问题：

（1）拍摄人员最好相对固定。

（2）拍摄最好使用同一相机。

（3）拍摄时的方向和角度要一致。

（4）改善前后两次拍摄要站在同一位置。

（5）拍摄时焦距要相同。

（6）拍摄时高度要相同。

（7）公示时采用彩色照片。

（8）公示时照片上要标明日期、责任者、存在的问题等信息。

（9）照片必须公示在醒目位置，能让全体员工看到。

（10）每次公布的问题点照片不宜过多，可以选取典型的问题点照片。

3.2 大清扫活动

3.2.1 大清扫活动的定义

大清扫活动是指在清扫初期阶段，全体员工对生产现场和岗位工作环境进行大扫除，对一些年久失修的地面、墙壁、门窗、天花板、柜架设备设施等进行清洗、维修，使之焕然一新。

3.2.2　大清扫活动的作用

现场的清扫活动使其恢复原来清洁、干净的本色，对环境和设备的彻底清扫，通常被称为 7S 管理的"大清扫"活动。大清扫活动有以下几个方面的作用：

（1）保持现场整洁，创造良好工作环境，令人心情愉悦。

（2）保持设备清洁，提高设备可靠性，减少设备事故。

（3）减少脏污环境对员工身体的影响。

（4）减少生产伤害事故。

3.2.3　大清扫活动的实施方式

（1）定期清扫。定期清扫是以班组为单位，定期对作业区域进行彻底清扫。应根据清理难易程度、环境情况、设备状态确定清扫的周期。对于难打扫、环境差、不易保持的设备及系统，清扫周期要短；对于易打扫、环境较好、易保持的设备及系统，清扫周期可以适当放长。各单位可根据实际情况进行制定。

（2）专项清扫。专项清扫是企业根据工作需要，对某些特定区域进行专项卫生清扫。

3.2.4　大清扫活动的内容

大清扫活动的内容主要包括修缮缝补、彻底清扫、污染源彻底治理三个方面。

（1）修缮缝补。在大清扫活动中，对于一些土建缺陷（如墙皮屋顶脱落、门窗脱开、玻璃损坏），以及设备表面缺陷（如油漆斑驳、外壳破损等问题），在清扫的同时，还要进行修缮处理，使其恢复原状。

（2）彻底清扫。大清扫活动中的清扫活动必须要彻底进行，目的是清除平时没发现或清扫不彻底的设备死角积油、积垢、积灰，恢复设备本色。对长期存在的油污、锈迹，应先清理干净再进行刷漆。大清扫活动中应重点检查的部位包括设备容易漏气、漏水的部位，以及设备的联结、操作部分。

（3）污染源彻底治理。电力系统常见的污染源有灰尘、粉尘、烟尘、污水、噪声等，污染对设备和人身都有很大的伤害，容易导致设备故障、缩短使用寿命，甚至影响员工的健康。要从根本上杜绝污染，就必须及时发现污染源，并处理解决。

1）污染源的产生原因：①管理不到位，未及时发现；②技术或人力不足，难以立刻解决；③维护资金不足，设备维修困难。

2）污染源的检查：①重点检查油管、气管、水管的连接处；②检查设备各部有无磨损，振动值是否在规定置内；③检查设备轴承温度、电动机温度有无异常；④检查操作部分、旋转部分、螺丝联结部分、动静部分有无松动和磨损；⑤遇有恶劣天气、大风时，应联系当地有关部门，提前做好周边露天煤场、灰坝、石膏库、散料场的保护设施，防止扬尘造成污染。

3）污染源治理的对策：①根据发现的危险源，及时制定防范治理措施；②按计划要求，准备材料工具，安排实施整改。

局部污染源治理对策见表 3-2-1。

表 3-2-1　　　　　　　　　　　　局部污染源治理对策表

产生的污染源	防 止 对 策
设备的跑冒滴漏	1. 运行人员加强巡检，检修人员对设备定期检查，发现漏点及时处理； 2. 对于难于处理的易漏位置，要制定改善方案，及时安排改造； 3. 对于油系统泄漏点要重点检查，及时处理并擦净，防止漏油引起火灾

3.2.5　大清扫活动的步骤

（1）确定对象。实施大清扫活动，首先要确定清扫的对象及内容。例如针对一些生产区域或生产设备、库房、办公室，甚至一个抽屉等实施大清扫活动。

（2）制定计划。制定大清扫活动计划，应明确活动开展时间、参与人员及实施内容等。

1）确定活动开展时间，一般尽量避开生产繁忙期。

2）成立改善小组，确定参与人员。

3）对清扫区域或任务进行划分，明确各区域大清扫活动的内容，并指定专人负责。

（3）准备资源。落实大清扫活动需要的工具，依据大清扫活动的对象，选择合适的清扫、修缮工具材料。

（4）组织实施。负责人依据清扫计划和任务，组织大家开始清扫工作。

（5）验收评价。工作结束后，进行检查验收，以便对大清扫活动效果进行评价。

3.2.6　大清扫活动的注意事项

（1）员工自主开展。大清扫活动应以员工自助开展为主。对于一些专业性强、难度高的工作，可请专业公司帮助作业，要注意做好员工和专业公司的安全意识教育，防止在大清扫活动过程中发生意外。员工自助开展大清扫活动有以下好处：

1）随时随地处理，不必等待依靠。

2）节省费用。

3）自己动手，员工有很高的成就感和满足感。

4）可提升员工技能，对设备更加熟悉和了解。

（2）做好检查验收。大清扫活动过程中，应制订专门的检查验收表，由专人进行检查验收，对于存在的问题应及时指出并下达整改通知。对大清扫活动中验收不合格或未及时整改的区域，要进行处罚。

（3）找到污染源。开展大清扫活动不能只停留在表面，要重点检查和治理污染产生的源头，杜绝污染问题不断发生造成重复工作。

3.3　目视化管理

3.3.1　目视化管理的定义

目视化管理就是利用形象直观、色彩适宜的视觉感知信息，使所有员工能够直观地了解管理要求、作业状态及作业方法等，从而有序地组织生产活动，达到提高劳动效率的一种管理手段。

3.3.2　目视化管理的作用

发电厂生产现场应用目视化管理，能使员工尽快熟悉工作，减少异常和问题的发生。就是利用形象直观、色彩适宜的视觉感知信息，使所有员工能够直观地看到问题所在，并及时针对问题制订相应对策。管理人员一进入现场就能看出问题的所在，及时下达指示或作出正确处置。所以，目视化管理也是一种通过彻底贯彻"信息共享"进行管理的沟通语言。

3.3.3　目视化管理的特点

（1）使管理变得更简单。目视化以视觉信号显示为基本方法，用员工都能看得见、看得懂的方式生动地展示管理要求，降低了管理难度，提升了管理效果。

（2）使要求更加明确。目视化管理帮助管理者以更加公开、透明的方式表达管理要求，是实现员工自主管理、自主控制的有效手段。

（3）有利于管理沟通。现场观众人员可以通过目视化方式，将自己的建议、成果、感想展示出来，与管理者同时进行沟通交流。

所以说，目视化管理是一种以公开化和视觉显示为特征的管理方式，也可称为"看得见的管理"和"一目了然的管理"，这种管理方式可以应用于发电企业各项管理领域当中。

3.3.4　目视化管理的三级水准

（1）初级水准：谁都能明白现在处于什么状态。

（2）中级水准：谁都能够判断是否正常。

（3）高级水准：谁都能够知道如何操作。

图 3-3-1 为目视化管理三级水准效果示意，初级水准仅能对物品进行简单排序和排放；中级水准能在初级水准的基础上还能对物品进行分类、数量统计和定位；高级水准能在中级水准的基础上，又对物品进行安全库存量规范，并对管理要求和流程进行明确。

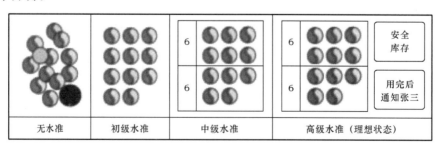

图 3-3-1　目视化管理的三级水准效果示意

3.3.5 目视化的主要方法

3.3.5.1 看板目视化管理法

看板目视化管理法是将管理信息、宣传内容等通过各类看板揭示出来，使管理状态众人皆知的管理方法。看板能够清晰直观地展示企业各项工作状态，对提高工作效率具有非常重要的意义。看板主要分为管理看板和宣传看板两类。

1. 管理看板

管理看板主要分为设备管理看板、操作方法看板、工作（操作）流程看板、班组管理看板、培训看板等。

（1）设备管理看板。设备管理看板主要是针对生产现场的主要设备，利用看板的形式，将检查要点等进行展示，从而有利于员工按标准进行作业。管理看板一般应包含检查内容、检查路线、检查标准、检查周期、检查点等内容，并将看板设置于设备本体附近明显位置。设备管理看板示例如图 3-3-2 所示。

（2）操作方法看板。操作方法看板就是针对一些特定操作，用看板的形式将操作方法用示意图展示出来，让员工能够按照标准操作要求进行操作，避免出现差错。

（3）工作（操作）流程看板。工作流程看板就是针对一些厂家工作、操作流程，用看板的形式将流程的各个环节及注意事项等信息进行展示，是有利于员工执行的一种看板形式。

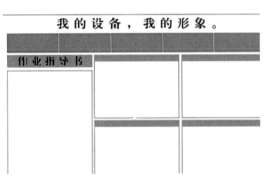

图 3-3-2　设备管理看板示例

（4）班组管理看板。班组管理看板就是班组将组织机构、工作计划、通知、培训内容、人员去向、7S 管理等信息用看板的形式进行展示的一种手段。班组管理看板一般不止在班组办公室、值班室内明显位置，看板应设负责人，定期进行维护及内容更新。

（5）培训看板。培训看板主要是用于班组或部门进行培训管理和展示的一种看板，一般包括培训讲课通知、培训考试通知、具体培训内容张贴等。

2. 宣传看板

宣传看板是用于各种宣传内容展示的一种看板，例如文化宣传看板、企业管理宣传看板、改善成果宣传看板等。

（1）文化宣传看板。文化宣传看板是用于进行各种文化宣传展示的一种看板，如企业文化、部门文化、班组文化、安全文化、廉洁文化等宣传看板。

（2）企业管理宣传看板。企业管理宣传看板主要用于企业各项管理工作的宣传和展示，例如精益价值管理宣传看板、7S 管理宣传看板、"创一流"宣传看板等。

（3）改善成果宣传看板。改善成果宣传看板就是企业、部门或班组对各项改善成果进行宣传的看板，例如损耗改善成果宣传看板、流程改善成果宣传看板、7S 改善成果宣传看板等。

3.3.5.2　色彩目视化管理法

色彩目视化管理法是根据物品的色彩来判定物品的属性和使用状态的一种管理手法，它利用了人们对颜色天生的敏感性，对于调和工作场所氛围，消除单调感有着非常重要的作用。

1. 各种颜色的含义

（1）红色：由于红色很醒目，易使人们在心理上产生兴奋、刺激感，瞩目性非常高，较容易辨认，因此用其表示危险、禁止和紧急停止的信号。

（2）蓝色：蓝色表示指令及必须遵守的规定。虽然它的醒目程度与可识别性不太好，但与白色相配合，使用效果不错。

（3）黄色：表示警告、注意。因为它对人眼能产生比红色更高的明亮度，黄色与黑色组成的条纹是可识别性最高的色彩，特别能引起人们的注意。

（4）绿色：绿色表示提示、安全状态。虽然它的可识别性和醒目性不高，但却具有和平、永远、生长、安全等效应，所以用绿色表示安全信息。

2. 生产场所颜色管理

（1）目的：对现场进行颜色管理，使现场规范化。

（2）对象：生产车间所有工作场所。

（3）措施：①按管理要求在相应的地方刷不同颜色的油漆；②划线的具体形状可参照表3-3-1。

表 3-3-1　　　　　　　生产现场各种 7S 管理线型及颜色管理

适用项目	规格/mm	线型	基 准 颜 色
主通道	100	实线	
一般区域线	50	实线	
辅助区域线	50	实线	
设备定位线	50	实线	
开门线	50	虚线	
周转区域线	50	实线	
不合格品区	50	实线	
化学品区	50	实线	
消防区	50	实线	
配电柜区	间隔 100/45°	实线	
危险区域	间隔 100/45°	实线	
待检区	50	实线	
合格区	50	实线	
人行通道	—	实线	
安全区域	—	实线	

3.3.5.3 定制目视化管理法

定制目视化管理法就是将物品按照定置管理要求进行定置和定位包房，并通过定置、定位、形迹标识等对摆放位置进行目视化提示、指示的一种管理方法。定置目视化管理可分为区域定置目视化管理和物品定置目视化管理。区域定置目视化管理示例如图3-3-3所示。

3.3.5.4 标识目视化管理法

标识目视化管理是指在企业生产过程中，为了便于管理，提高效率及减少安全隐患而在相应的岗位或区域设立各种目视化标识，便于规范管理。标识目视化管理通常分为提示、指示类，指引、引导类，警告类，禁止类四种。

图3-3-3 区域定置目视化管理示例

3.3.6 目视化管理的注意事项

（1）统一原则。统一的目的是消除在目视化管理活动中由于不必要的多样化而造成的混乱和误解，为7S管理活动建立共同遵守的秩序。如安全标志和警示标志及其设置，必须遵守国家标准和行业标准；另外，同一企业的标识规格尺寸也要统一，颜色也要与标识的内容相一致，如红色代表不合格品区，绿色代表合格品区等。

（2）鲜明原则。在设置各种视觉显示信号时，一定要实现界定有效的目视范围，其标识字符、主体物及其载体的颜色要鲜明并协调；字体、字号在选择上要适宜；高度一般以与普通人的眼睛相齐为宜；距离可根据现场的实际空间设定最佳的目视距离。

（3）简约原则。各种视觉显示信号应易懂，一目了然。如交通路口的信号灯，红灯停、绿灯行。还有一些标识使用形象的图形，应便于理解领会，不会产生歧义。

（4）实用原则。在实施目视化管理过程中，要注意在考虑美观的同时兼顾成本，不要脱离实际，不做表面文章，尽量让员工自己动手，根据实际需要设计制作。

3.4 红牌作战

红牌是一种资格，是一种荣誉，代表着区域已经完成创建，并验收合格，进入了保持改善阶段。只有已进行7S创建、效果显著的区域，才有资格进入红牌作战。

3.4.1 红牌作战的含义

"红牌作战"是采用红色纸张制作7S管理问题提示卡，对改善区域各个角落的问题点加以挖掘，并限期整改的方法，是提升和保持7S改善成果的有效手段之一。

使用红色的主要原因是：红色醒目，便于与普通卡片区别开，以引起管理者及责任人注意，起到目视化管理的作用；红色有禁止、数障的含义，意指被贴上红牌的物品、区域有不符合项。

3.4.2 红牌作战的实施对象和要点

1. 实施的前提条件

（1）实施区域已完成 7S 创建，无脏乱差现象。

（2）实施区域基本符合"三定""三要素"要求。

（3）本区域的督导师及团队成员基本找不到问题，有希望借助"外人"的眼光来提升本区域 7S 管理水平的意愿。

2. 实施对象

（1）区域内任何不满足"三定""三要素"要求的。

（2）工作场所不需要的物品。

（3）需要改善的事、地、物：①超出期限者（包括过期的看板、通知、计划）；②破损老化者（如损坏的瓷砖、油漆、7S 标识）；③状态不明者（如库存量不确定、表计范围不明确）；④物品混杂者（存放物规格或状态混杂）；⑤不常用的东西（不用又舍不得丢的物品）；⑥过多的东西（虽要使用但过多）。

（4）有泄漏、渗漏点的设备、管道。

（5）卫生死角。

3. 实施人员

7S 推行办公室成员、7S 督导师、区域负责人等。

4. 实施要点

（1）用挑剔的眼光看。

（2）像"魔鬼"一样严厉地贴。

（3）请勿贴在人身上。

（4）如果有，请贴上红牌。

5. 实施周期

红牌实施频率不宜过于频繁，7S 推行期、常态化管理期的实施频率有所不同，某厂红牌实施周期见表 3 - 4 - 1。

表 3 - 4 - 1　　　　　　　　　某厂红牌实施周期

实施阶段	实施频率	实施阶段	实施频率
7S 导入初期	每周循环进行 1 次	常态化管理期	每月循环进行 1 次
7S 推行中期	每两周循环进行 1 次	专项红牌作战	随时进行

整改时间一般以一周为最长期限，明显的安全问题应重点限期整改，涉及设备改造的整改可根据实际情况进行调整。

3.4.3 红牌作战的实施步骤

1. 红牌作战方法的培训

（1）成员：全员。

（2）培训重点：

1）红牌作战是帮助 7S 管理保持提升的目视化管理的工具，如图 3-4-1 所示。

图 3-4-1 红牌作战情景

2）不要隐藏问题、制造假象。

3）按红牌时回完成整改项目。

4）整改遇到困难要及时提出。

2. 到现场进行红牌作战

（1）可以小组为单位开展，一般每组 3～5 人为宜，也可单独开展。

（2）逢门必进，逢锁必开，从外到里进行巡查。

（3）从细微处进行核查。

（4）按物品状态对标识进行核查。

3. 给红牌编写管理序号记录问题点

可采取二级管理方法：

（1）公司级编写方法：公司简称＋年＋月＋序号

（2）按部门编写方法：部门简称＋年＋月＋序号

4. 挂红牌

（1）红牌要挂引人注目处，并通知现场负责人，如图 3-4-2 所示。

图 3-4-2 现场挂红牌

（2）不要让现场责任人自己贴。

5. 红牌发放和记录

红牌主要包括以下内容：

（1）红牌内容：红牌编号、责任区域、责任人、场所、发放人签名、发放日期、要求完成日期。

（2）整改人填写：整改措施、完成日期、整改人签名。

（3）推进办公室填写：效果确认、验收日期、验收人签名。

（4）具体填写样票可参见图 3-4-3。

图 3-4-3 某公司红牌样票

（5）在红牌发放、回收登记表上记录红牌发行状况，并由发放人、验收人签字确认。红牌发放回收登记表见表 3-4-2。

表 3-4-2 红牌发放回收登记表

部门： 第 页

红牌序号	主要问题点	发放日期	要求完成日期	红牌责任人	回收确认	回收日期

处理流程：红牌发放、张贴→记录表填写→责任人认可→对策实施→发放者确认→红牌回收。

责任人签字：

6. 红牌的实施、跟踪和回收

（1）红牌责任部门根据整改要求实施整改，完成后整改责任人签字确认，通知发放人。

（2）7S 推行办公室根据红牌发放记录的完成期限，跟踪、督促责任部门及时完成整改、回收已完成红牌并登记。

7. 红牌实施情况公布与考核

（1）将每次红牌发行数量、按期整改率公布于 7S 管理看板上。

（2）对无合理解释不进行整改的，应与绩效考核挂钩。

（3）可将改善前后对比以摄影方式记录下来，作为经验和成果向大家展示。

3.4.4　红牌作战的注意事项

（1）一定要向全员强调说明被挂红牌是一种资格，是为了巩固创建 7S 管理期间的劳动成果，让员工以正确的态度对待，不可置之不理。

（2）挂红牌理由要充分，完成时间要与对方商讨。

（3）能立刻改正的问题不发红牌。

（4）未如期完成改善，需向 7S 推行办公室书面报告，批准后可延期验收，否则按照制度进行考核。

（5）要妥善保管红牌，丢失红牌，按照制度考核。

附录 A

变电站运维标准化布防

附录 A 是针对 2.6 安全实施内容进行更为详细的扩充，主要是介绍变电站运维标准化布防，包括安全设施分类、安全措施布防。

A.1 安全设施分类

A.1.1 安全围栏

A.1.1.1 安全围栏概述

依照各类工作需求，为保证工作安全，运维人员应根据作业现场的实际情况，严格按照工作票所列安全措施进行设置。安全围栏可以将工作区域划分出来，设立明显的隔离区域，防止工作人员误入旁边带电间隔，有效避免严重的安全事故。

A.1.1.2 安全围栏设置

将安全隔离措施分为固定式安全围栏、拉网式安全围栏、拉带式安全围栏、伸缩式安全围栏、固定式可拆卸硬质隔离围栏。

（1）固定式安全围栏（见图 A-1）用于工期超过 15 天的户外工作地点隔离以及在运行设备区内进行扩建、技改工程。

设置要求：围栏的设置由运维人员指导，施工人员完成，必须与邻近运行中的设备保持足够安全距离。相邻的围栏必须紧密锁扣，不得留有空位。金属围栏必须接地。在围栏上，面向施工人员，每隔 3m 悬挂"止步，高压危险！"标示牌。

（2）拉网式安全围栏（见图 A-2）用于工期不超过 15 天的户外和户内部分停电的工作地点隔离。

设置要求：围栏的固定采用固定地桩和移动式相结合，在场地固定地桩不能满足需求的时候，可用移动式补充完善。装设围栏时，上下边缘必须拉紧、固定，围栏形状应尽量做到直角直边。围栏之间的连接必须严密、不留缺口。

（3）拉带式安全围栏（见图 A-3）用于圈定室内部分工作的作业地点、工作通道。

设置要求：设置在配电室或保护室工作地点四周，隔离出施工区域和工作通道。拉带

图 A-1　固定式安全围栏设置

图 A-2　拉网式安全围栏设置

必须扣紧下一个立柱。拉带上"止步,高压危险!"字样必须面向工作人员。拉带的设置应尽可能做到直角直边,不得将拉带缠绕在设备上。

(4)伸缩式安全围栏(见图 A-4)用于封闭室内、外禁止通行的通道。

设置要求:使用多个拉栏连续布置的形式,应将两拉栏之间的活扣扣好,拉栏上必须面向工作人员挂"止步,高压危险!"标示牌。

图 A-3　拉带式安全围栏设置

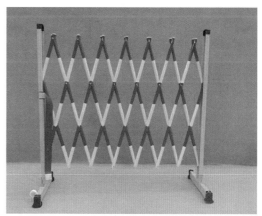

图 A-4　伸缩式安全围栏设置

(5)变电站固定式可拆卸硬质隔离围栏(见图 A-5)用于永久隔离运行设备区域,方便检修间隔安全布防。设置要求如下:

1)实现变电站检修、施工现场安全防护措施标准化、规范化。

2)警示作业人员防止误入带电间隔发生事故。

3)减少运维人员布置安全措施工作量,缩短操作时间。

4)实现变电站运行设备安全防护措施的

图 A-5　变电站固定式可拆卸硬质
隔离围栏设置

永久隔离。

5）固定式可拆卸硬质隔离围栏间隔留有通道门，方便运维人员设备巡视、操作。

6）设备检修施工时，可灵活拆卸组装固定遮拦，保证运维人员在规定时间内完成安全布防措施。

A.1.2 标示"运行设备"的安全设施

（1）"运行设备"警示带（自吸式）使用绝缘材料，四角内置磁性"运行设备"黄色字样。主要用于封闭保护（控制）室内运行屏（柜）隔离检修与运行区域，样式见图 A-6。

（2）"运行设备"警示牌（自吸式）使用绝缘透明塑料，四角内置"运行设备"红色字样。主要用于封闭保护（控制）室内运行屏（柜），样式见图 A-7。

图 A-6 "运行设备"警示带　　　　图 A-7 "运行设备"警示牌

（3）"设备运行"红布幔样式见图 A-8。

（4）"正在运行"隔离罩（自吸式）使用绝缘透明塑料，边缘内置磁性吸石，正面印有"正在运行"红色字样。隔离罩的磁吸力应确保不脱落，左、右两侧可以采用中空方式。主要用于保护（控制）室隔离同一屏（柜）内的运行和检修设备，适用于装置机箱、控制（切换）开关、空气开关、连续排列的硬压板、按钮、接触器、智能变电站光纤隔离等电气元件，样式见图 A-9。

图 A-8 "设备运行"红布幔　　　　图 A-9 "正在运行"隔离罩

A.1.3 硬压板遮蔽罩

使用绝缘复合材料，表面应标示"禁止投入"或"禁止退出"字样。遮蔽罩采用插片式或套筒式结构，主要用于屏（柜）内单一硬压板的防止误投入、误退出隔离措施，样式见图 A-10。

（a）"禁止投入"插片式　　　（b）"禁止投入"套筒式　　　（c）"禁止退出"套筒式

图 A-10　硬压板遮蔽罩

A.1.4　自吸式磁钩、磁夹

使用醒目颜色的绝缘复合材料，必要时可以印有"正在运行"字样，可以采用拉带式、卡扣式或悬挂式布置，拉力、卡合力应确保不脱落，不导致二次接线变形受损。遮蔽罩适用于各种排列方式的接线端子，样式见图 A-11。

图 A-11　自吸式磁钩和磁夹

A.1.5　自吸式"在此工作！"标示牌

使用绝缘复合材料，四角内置磁石，表面印有"在此工作！"字样，尺寸可以多样化。只允许在工作屏（柜）表层吸附面使用，样式见图 A-12。

（a）正面　　　　　　　　　　（b）反面

图 A-12　自吸式"在此工作！"标示牌

A. 1. 6　8 类常用安全标示牌

（1）"止步，高压危险！"标示牌。在室外高压设备上工作，在工作地点四周围栏上应悬挂适当数量的"止步，高压危险！"标示牌，标示牌应朝向围栏里面。若室外配电装置的大部分设备停电，只有个别地点保留有带电设备而其他设备无触及带电导体的可能时，可以在带电设备四周装设全封闭围栏，围栏上悬挂适当数量的"止步，高压危险！"标示牌，标示牌应朝向围栏外面。

（2）"禁止合闸、有人工作！"标示牌。在一经合闸即可送电到工作地点的断路器、隔离开关操作把手上均应悬挂"禁止合闸、有人工作！"标示牌。对在测控屏上进行操作的断路器，均应在其操作把手上相应悬挂"禁止合闸、有人工作！"标示牌。通过测控柜操作的隔离开关，操作完后应将测控柜锁住，并悬挂"禁止合闸、有人工作！"标示牌。

（3）"禁止合闸、线路有人工作！"标示牌。若线路有人工作，应在线路断路器和隔离开关操作把手上悬挂"禁止合闸、线路有人工作！"标示牌。对在测控屏上进行操作的断路器，均应在其操作把手上相应悬挂"禁止合闸、线路有人工作！"标示牌。通过测控柜操作的隔离开关，操作完后应将测控柜锁住，并悬挂"禁止合闸、线路有人工作！"标示牌。

（4）"在此工作！"标示牌。在工作地点悬挂"在此工作！"的标示牌。多处地点有工作时，每处均应悬挂"在此工作！"的标示牌；围栏网内多个设备上同时有工作时，可在安全围栏出入口处悬挂"在此工作！"标示牌。

（5）"从此进出！"标示牌。工作地点的出入口处，应悬挂"从此进出！"标示牌。

图 A-13　8 类常用安全标示牌

（6）"从此上下！"标示牌。

（7）"禁止分闸！"标示牌。对由于设备原因，接地开关与检修设备之间连有断路器，在接地开关和断路器合上后，在断路器操作把手上，应悬挂"禁止分闸！"标示牌。

（8）"禁止攀登，高压危险！"标示牌。在变电站运行中的户外架构的爬梯上，运行中的主变压器、高压电抗器等固定爬梯上应悬挂"禁止攀登，高压危险！"标示牌。若在架构上或主变压器、高压电抗器上工作，工作人员需从爬梯上下的，工作许可人布置安全措施时应取下"禁止攀登，高压危险！"标示牌，改挂"从此上下！"标示牌。

8 类常用安全标示牌见图 A-13。

A. 2　安全措施布防

A. 2. 1　变电站安全设施布置及工作许可标准化流程图

变电站安全设施布置及工作许可标准化流程见图 A-14。

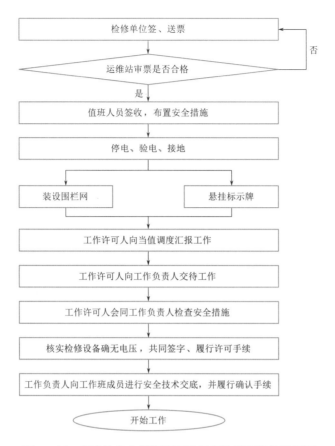

图 A - 14　变电站安全设施布置及工作许可标准化流程图

A.2.2　户外设备安全措施典型布防

户外设备安全围栏应紧密相连，不得留空隙，形成封闭的检修区域；工作地点只留一个出入口，并面向道路，以保证检修人员安全。在安全围栏上悬挂适当数量"止步，高压危险！"标示牌，字朝向围栏内，在围栏出入口处悬挂"从此进出！"标示牌。需要在一经合闸即可送电到工作地点的断路器 KK 把手、隔离开关操作把手上、电压互感器二次空开或取下二次熔断器处悬挂"禁止合闸，有人工作！"标示牌，在检修设备处悬挂"在此工作！"标示牌。户外典型安全措施布防示例见图 A - 15。

图 A - 15　户外典型安全措施布防示例

单母线分段接线方式（母线侧隔离开关靠道路）母线侧隔离开关停电检修安全措施布防示意图见图 A-16。

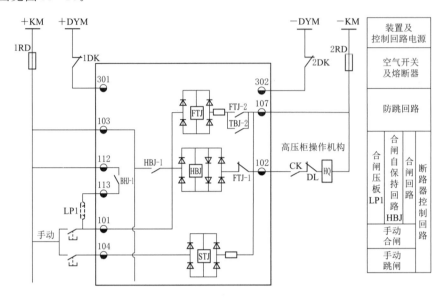

图 A-16　单母线分段接线方式（母线侧隔离开关靠道路）
母线侧隔离开关停电检修安全措施布防示意图

A.2.3　高压室设备安全措施典型布防

对于室内设备，安全围栏可与围墙配合布置，应紧密相连，不得留空隙，形成封闭的检修区域；工作地点只留一个出入口，并面向门口，以保证检修人员安全。在围栏上悬挂适量"止步，高压危险！"标示牌，字朝向围栏内，在通道两侧运行开关柜柜门上悬挂"止步，高压危险！"标示牌，在围栏出入口处悬挂"从此进出！"标示牌。将需要的检修设备处悬挂"在此工作！"标示牌。柜内母线侧带电，如需进行柜内工作，要用专用绝缘隔离挡板或运行红布作可靠封闭，并在履行许可手续时提醒工作人员母线带电，不准打开绝缘隔离挡板。

小车式断路器停电检修安全措施布防示意图和现场图见图 A-17 和图 A-18。

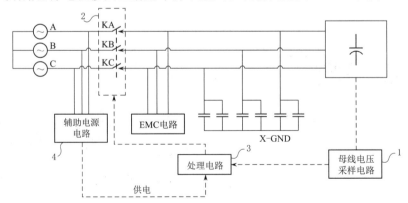

图 A-17　小车式断路器停电检修安全措施布防示意图

图 A-18　小车式断路器停电检修安全措施布防现场图

A.2.4　二次设备安全措施典型布防

（1）装置机箱的典型布防（见图 A-19 和图 A-20）。装置机箱可以使用自吸式"正在运行"隔离罩或者红布幔进行标准化布防；措施布置应端正、牢固。

（a）正面　　　　　　　　　　　　　（b）反面

图 A-19　装置机箱使用自吸式隔离罩的典型布防

（a）正面　　　　　　　　　　　　　（b）反面

图 A-20　装置机箱使用红布幔的典型布防

（2）硬压板的典型布防（见图 A-21）。硬压板可以使用压板遮蔽罩、"正在运行"隔离罩或者红布幔进行标准化布防，措施布置应醒目、牢固，不易脱落。

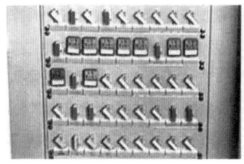

（a）压板遮蔽罩　　　　　　　　　　　　　（b）自吸式隔离罩

图 A-21　硬压板的典型布防

根据"连片式压板"和"插拔式压板"的不同型式，选用合适的压板遮蔽罩。需要遮蔽连续排列的硬压板，可以选用自吸式"正在运行"隔离罩或者红布幔进行布防。屏（柜）背面硬压板接线柱若存在"误碰"风险，应采取隔离措施。

（3）空气开关的典型布防。空气开关可以使用自吸式"正在运行"隔离罩进行标准化布防，样式见图 A-22。措施布置应醒目、牢固，不易脱落，不致误碰导致运行中的空气开关分闸。

（a）正常运行不允许分闸（不连续排列）　（b）正常运行不允许分闸（连续排列）　（c）正常运行不允许合闸

图 A-22　空气开关的典型布防

正常运行不允许分闸的空气开关，应使用透明材质的安全设施，防止空气开关误断开后不易巡视发现。不应使用绝缘胶带粘贴固定等安全措施，防止短路时影响空气开关分闸行为。

正常运行不允许合闸的空气开关，宜使用醒目的绝缘胶带粘贴固定，并且增加"禁止合闸"字样标签等安全措施，防止误合闸。

（4）控制（切换）开关的典型布防。控制（切换）开关可以使用自吸式"正在运行"隔离罩、红布幔等进行标准化布防，样式见图 A-23。措施布置应醒目、牢固，不易脱落。

（a）汇控柜　　　　　　　　　　　（b）测控屏

图 A-23　控制（切换）开关的典型布防

（5）二次设备典型布防示例。变电二次系统工作的检修通道可以使用拉带式临时围栏、伸缩式临时围栏、"运行设备"警示带（牌）或红布幔进行布防。"运行设备"警示牌应在运行屏（柜）前、后锁具处布置，红字应面向外侧，应牢固端正、高度一致。

保护（控制）室内检修通道标准化布防，宜使用自吸式"运行设备"警示带替代拉带式、伸缩式临时围栏。检修通道的出入口应唯一，并面向建筑物紧邻的行走通道，在出入口悬挂"从此进出！"标示牌。检修工作涉及的公用屏（柜）悬挂"在此工作！"标示牌，检修设备两侧及对侧屏门应使用"运行设备"红布幔进行隔离。故障录波屏、PMU 屏、母差失灵屏、公用测控屏、计量屏等布防见图 A-24。其他运行设备屏（柜）应正常锁闭，可以不进行安全设施标准化布防。

（a）检修屏正面和前一列屏　　　　　　　（b）检修屏背面和后一列屏柜的正面

图 A-24　（控制）室内检修通道的典型布防

变电站安全设施配置技术规范

B.1 总则

变电站的生产活动场所、设备（设施）检修施工等特定区域以及其他有必要提醒人们注意危险有害因素的地点，应配置安全设施。

安全设施包括安全标志、设备标志、安全警示线、安全防护设施。

安全设施所用的颜色应符合 GB 2893 的规定。红色传递禁止、停止、危险或提示消防设备、设施的信息；蓝色传递必须遵守规定的指令性信息；黄色传递注意、警告的信息；绿色传递表示安全的提示性信息。

安全设施的设置应清晰醒目、安全可靠、便于维护、适应使用环境。

安全设施的安装应符合安全要求。安全设施的规格、尺寸，安装位置可视现场情况确定，同一变电站、同类设备（设施）应规范统一。

本附录是针对 2.6 安全实施内容进行更为详细的扩充。

B.2 安全标志

B.2.1 安全标志一般要求

安全标志包括禁止标志、警告标志、指令标志、提示标志和消防安全标志、道路交通标志等。

安全标志一般使用相应的通用图形标志和文字辅助说明的组合标志。

安全标志一般采用标志牌的形式，宜使用衬边，以使安全标志与周围环境之间形成较为强烈的对比。标志牌文字图形内容宜使用发光材料印刷。

安全标志所用的图形符号、几何形状、文字，标志牌的材质、表面质量，衬边、型号选用应符合 GB 2894 的规定。

标志牌应设在与安全有关的醒目地方。环境信息标志宜设在有关区域的人口位置和醒目位置；局部环境信息应设在有关地点或设备（部件）的醒目位置。

标志牌不宜设在可移动的物体上。标志牌前禁止放置妨碍认读的障碍物。

标志牌设置的高度尽量与人眼的视线高度相一致，悬挂式和柱式的环境信息标志牌的下缘距地面的高度不宜小于 2m，局部信息标志的设置高度应视具体情况确定。

标志牌的平面与视线夹角（图 B-1 中 α 角）应接近 $90°$，观察者位于最大观察距离时，最小夹角不小于 $75°$。

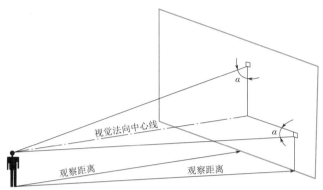

图 B-1 安全标志牌的平面与视线夹角 α

多个标志牌在一起设置时，应按照警告、禁止、指令、提示类型的顺序，先左后右、先上后下排列。

标志牌的固定方式分附着式、悬挂式和柱式。附着式和悬挂式的固定应稳固不倾斜，柱式的标志牌和支架应连接牢固。临时标志牌应采取防止脱落、移位措施。

标志牌应定期检查，如发现遗失、破损、变形、褪色时，应及时修整或更换。修整或更换时，应有临时的标志替换。

B.2.2 禁止标志

禁止标志牌的基本形式是一长方形衬底牌，上方是禁止标志（带斜杠的圆边框），下方是文字辅助标志（矩形边框）。图形上、中、下间隙，左、右间隙相等。

禁止标志牌长方形衬底色为白色，带斜杠的圆边框为红色，标志符号为黑色，辅助标志为红底白字、黑体字，字号根据标志牌尺寸、字数调整，见图 B-2。常见禁止标志见表 B-1。

红-M100 Y100

黑-K100

图 B-2 禁止标志牌的基本形式与标准色

表 B-1		常 见 禁 止 标 志		
序号	图形标志示例	名称	设置范围和地点
1-1	禁止吸烟	禁止吸烟	设备区入口，主控制室、变压器室、继电保护室、通信室、自动装置室、蓄电池室、配电装置室、电缆夹层、电缆隧道入口、危险品存放点等处

序号	图形标志示例	名称	设置范围和地点
1-2		禁止烟火	主控制室、变压器室、继电保护室、通信室、自动装置室、蓄电池室、配电装置室、电缆夹层、电缆隧道入口、危险品存放点、施工作业场所等处
1-3		禁止用水灭火	继电保护室、通信室、自动装置室、配电装置室入口等处（有隔离油源设施的室内油浸设备除外）
1-4		禁止跨越	施工作业或打开的深坑（沟）等危险场所、安全遮栏等处
1-5		禁止通行	施工作业区域，起重、爆破等危险场所、安全遮栏等处
1-6		禁止停留	高处作业、起重作业现场等危险场所
1-7		未经许可不得入内	变电站入口、主控制室、继电保护室、通信室、自动装置室、蓄电池室、电缆夹层、电缆隧道、有限作业空间入口等处

序号	图形标志示例	名称	设置范围和地点
1-8		禁止堆放	消防器材存放处、消防通道、逃生通道及变电站主通道、安全通道等处
1-9		禁止穿化纤服装	电气倒闸操作、电气检修试验、焊接等可能产生电弧的场所等处
1-10		禁止使用无线通信	继电保护室、自动装置室等处
1-11		禁止合闸有人工作	一经合闸即可送电到施工设备的断路器（开关）和隔离开关（刀闸）操作把手上等处
1-12		禁止合闸线路有人工作	线路断路器（开关）和隔离开关（刀闸）把手上
1-13		禁止分闸	接地刀闸与检修设备之间的断路器（开关）的操作把手上

续表

序号	图形标志示例	名称	设置范围和地点
1-14		禁止攀登 高压危险	高压配电装置构架的爬梯上，变压器、电抗器等设备的爬梯上

B.2.3 警告标志

警告标志牌的基本形式是一长方形衬底牌，上方是警告标志（正三角形边框），下方是文字辅助标志（矩形边框）。图形上、中、下间隙，左、右间隙相等。

警告标志牌长方形衬底色为白色，正三角形边框底色为黄色，边框及标志符号为黑色，辅助标志为白底黑字、黑体字，字号根据标志牌尺寸、字数调整，见图 B-3。常用警告标志见表 B-2。

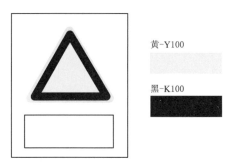

黄-Y100

黑-K100

图 B-3 警告标志牌的基本形式与标准色

表 B-2 常用警告标志

序号	图形标志示例	名称	设置范围和地点
2-1	注意安全	注意安全	易造成人员伤害的场所及设备等处
2-2	注意通风	注意通风	六氟化硫电气设备室、蓄电池室、电缆夹层、电缆隧道、有限作业空间入口等处
2-3	当心火灾	当心火灾	易发生火灾的危险场所，如电气检修试验、焊接及有易燃易爆物质的场所

序号	图形标志示例	名称	设置范围和地点
2-4	当心爆炸	当心爆炸	易发生爆炸危险的场所,如易燃易爆物质的使用或受压容器等地点
2-5	当心中毒	当心中毒	六氟化硫电气设备室、有限作业空间入口,生产、储运、使用剧毒品及有毒物质的场所
2-6	当心触电	当心触电	有可能发生触电危险的电气设备和线路,如配电装置室、开关等处
2-7	当心电缆	当心电缆	暴露的电缆或地面下有电缆处施工的地点
2-8	当心机械伤人	当心机械伤人	易发生机械卷入、轧压、碾压、剪切等机械伤害的作业地点
2-9	当心伤手	当心伤手	易造成手部伤害的作业地点,如机械加工工作场所等处

123

序号	图形标志示例	名称	设置范围和地点
2-10	当心扎脚	当心扎脚	易造成脚部伤害的作业地点，如施工工地及有尖角散料等处
2-11	当心吊物	当心吊物	有吊装设备作业的场所，如施工工地等处
2-12	当心坠落	当心坠落	易发生坠落事故的作业地点，如脚手架、高处平台、地面的深沟（池、槽）等处
2-13	当心落物	当心落物	易发生落物危险的地点，如高处作业、立体交叉作业的下方等处
2-14	当心腐蚀	当心腐蚀	蓄电池室内墙壁等处
2-15	当心坑洞	当心坑洞	生产现场和通道临时开启或挖掘的孔洞四周的围栏等处

序号	图形标志示例	名称	设置范围和地点
2-16		当心弧光	易发生由于弧光造成眼部伤害的焊接作业场所等处
2-17		当心塌方	有塌方危险的区域，如堤坝及土方作业的深坑、深槽等处
2-18		当心车辆	生产场所内车、人混合行走的路段，道路的拐角处、平交路口，车辆出入较多的生产场所出入口处
2-19		当心滑跌	地面有易造成伤害的滑跌地点，如地面有油、冰、水等物质及滑坡处
2-20		止步高压危险	带电设备固定遮栏上，室外带电设备构架上，高压试验地点安全围栏上，因高压危险禁止通行的过道上，工作地点临近室外带电设备的安全围栏上，工作地点临近带电设备的横梁上等处
2-21		当心障碍物	地面有障碍物，绊倒易造成伤害的地点

B.2.4 指令标志

指令标志牌的基本形式是一长方形衬底牌，上方是指令标志（圆形边框），下方是文字辅助标志（矩形边框）。图形上、中、下间隙，左、右间隙相等。

指令标志牌长方形衬底色为白色，圆形边框底色为蓝色，标志符号为白色，辅助标志为蓝底白字、黑体字，字号根据标志牌尺寸、字数调整，见图 B-4。常用指令标志见表 B-3。

蓝-C100

图 B-4 指令标志牌的基本形式与标准色

表 B-3 常 用 指 令 标 志

序号	图形标志示例	名称	设置范围和地点
3-1	必须戴防护眼镜	必须戴防护眼镜	对眼睛有伤害的作业场所，如机械加工、各种焊接等处
3-2	必须戴防毒面具	必须戴防毒面具	具有对人体有害的气体、气溶胶、烟尘等作业场所，如有毒物散发的地点或处理有毒物造成的事故现场等处
3-3	必须戴安全帽	必须戴安全帽	生产现场（办公室、主控制室、值班室和检修班组室除外）佩戴
3-4	必须戴防护手套	必须戴防护手套	易伤害手部的作业场所，如具有腐蚀、污染、灼烫、冰冻及触电危险的作业等处

序号	图形标志示例	名称	设置范围和地点
3-5		必须穿防护鞋	易伤害脚部的作业场所，如具有腐蚀、灼烫、触电、砸（刺）伤等危险的作业地点
3-6		必须系安全带	易发生坠落危险的作业场所，如高处建筑、检修、安装等处
3-7		必须穿防护服装	具有放射、微波、高温及其他需穿防护服的作业场所

B.2.5 提示标志

提示标志牌的基本形式是一正方形衬底牌和相应文字，四周间隙相等。

提示标志牌衬底色为绿色，标志符号为白色，文字为黑色（白色）黑体字，字号根据标志牌尺寸、字数调整，见图 B-5。常用提示标志见表 B-4。

绿-C100 Y100

图 B-5 提示标志牌的基本形式与标准色

表 B-4　　　　　常 用 提 示 标 志

序号	图形标志示例	名称	设置范围和地点
4-1	在此工作	在此工作	工作地点或检修设备上

序号	图形标志示例	名称	设置范围和地点
4-2	 从此上下	从此上下	工作人员可以上下的铁（构）架、爬梯上
4-3	 从此进出	从此进出	工作地点遮栏的出入口处
4-4		紧急洗眼水	悬挂在从事酸、碱工作的蓄电池室、化验室等洗眼水喷头旁
4-5	 ××kV 设备不停电时的安全距离 ×.××m	安全距离	根据不同电压等级标出人体与带电体最小安全距离。设置在设备区入口处

B.2.6 道路交通标志

B.2.6.1 一般要求

变电站应设置限制高度、速度标志，基本形式一般为圆形，白底，红圈，黑图案；可设置其他道路交通标志。道路交通标志的设置、位置、型式、尺寸、图案和颜色等应符合 GB 5768.2《道路交通标志和标线 第2部分：道路交通标志》和 GB 4387《工业企业厂内铁路、道路运输安全规程》的规定。

B.2.6.2 限制高度标志

限制高度标志表示禁止装载高度超过标志所示数值的车辆通行。

变电站入口处、不同电压等级设备区入口处等最大容许高度受限制的地方应设置限制高度标志牌（装置）。

限制高度标志牌的基本形状为圆形，白底，红圈，黑图案。如图 B-6 所示，表示装载高度超过 3.5m 的车辆禁止进入。

B. 2. 6. 3 限制速度标志

限制速度标志表示该标志至前方解除限制速度标志的路段内，机动车行驶速度［（单位为千米每小时（km/h）］不准超过标志所示数值。变电站入口处、变电站主干道及转角处等需要限制车辆速度的路段的起点应设置限制速度标志牌。限制速度标志牌的基本形状为圆形、白底、红圈、黑图案。如图 B-7 所示，表示限制速度为 5km/h。

图 B-6 限制高度标志牌示例   图 B-7 限制速度标志牌示例

B. 2. 7 消防安全标志

变电站的主控制室、变压器室、配电装置室、电缆夹层等重点防火部位入口处以及储存易燃易爆物品仓库门口处应设置消防安全标志。生产场所应有逃生路线的标志，楼梯主要通道门上方或左（右）侧应装设紧急撤离提示标志。消防安全标志表明下列内容的位置和性质：

（1）火灾报警和手动控制装置。

（2）火灾时疏散途径。

（3）灭火设备。

（4）具有火灾、爆炸危险的地方或物质。

消防安全标志按照主题内容与适用范围，分为火灾报警及灭火设备标志、火灾疏散途径标志和方向辅助标志，其设置场所、原则、要求和方法等应符合 GB 13495.1 和 GB 15630 的规定。常用消防安全标志见表 B-5。

表 B-5   常 用 消 防 安 全 标 志

序号	图形标志示例	名称	设置范围和地点
5-1		消防按钮	依据现场环境，设置在火灾报警按钮和消防设备启动按钮的位置
5-2		火警电话	依据现场环境，设置在适宜、醒目的位置

序号	图形标志示例	名称	设置范围和地点
5-3		消火栓箱	生产场所构筑物内的消火栓处
5-4		地上消火栓	固定在距离消火栓 1m 的范围内，不得影响消火栓的使用
5-5		地下消火栓	固定在距离消火栓 1m 的范围内，不得影响消火栓的使用
5-6		灭火器	a）悬挂在灭火器、灭火器箱的上方或存放灭火器、灭火器箱的通道上。 b）泡沫灭火器器身上应标注"不适用于电火"字样
5-7		消防水带	指示消防水带、软管卷盘或消防栓箱的位置
5-8		灭火设备或报警装置的方向	指示灭火设备或报警装置的方向

B.3 设备标志

B.3.1 设备标志一般要求

变电站设备（含设施，下同）标志由设备名称和设备编号组成。设备标志一般采用标志牌的形式。

设备标志应定义清晰，具有唯一性。电气设备标志文字内容应与电力调度机构下达的名称和编号相符。一次设备为分相设备时应逐相标注，直流设备应逐极（单元）标注。

设备标志牌基本形式为长方形，衬底色为白色，边框、编号文字为红色（接地设备标志牌的边框、文字为黑色），采用反光黑体字。字号根据标志牌尺寸、字数适当调整。根据现场安装位置不同，可采用竖排。设备标志牌应配置在设备本体或附件醒目位置。

两台及以上集中排列安装的电气盘应在每台盘上分别配置各自的设备标志牌。两台及以上集中排列安装的前后开门电气盘前、后均应配置设备标志牌，且同一盘柜前、后设备标志牌一致。

GIS设备的隔离开关和接地开关标志牌根据现场实际情况装设，GIS母线的标志牌应按照实际相序位置排列，安装于母线筒端部；GIS隔室标志应安装于靠近本隔室取气阀门旁醒目位置，各隔室之间通气隔板周围应涂绿色，非通气隔板周围应涂红色，宽度根据现场实际确定。

电缆两端及隧道内敷设电缆的适当位置应悬挂标明电缆编号名称、起点、终点、型号的标志牌，电力电缆还应标注电压等级、长度。

各设备间及其他功能室入口处醒目位置均应配置房间标志牌，标明其功能及编号，室内醒目位置应设置逃生路线图、定置图（表）。

B.3.2 常用设备标志

常用设备标志见表B-6。

表 B-6　　　　　　　　　　　常 用 设 备 标 志

序号	图形标志示例	名称	设置范围和地点
6-1	1号主变压器 1号主变压器 A相	变压器（电抗器）标志牌	a）安装固定于变压器（电抗器）器身中部，面向主巡视检查路线。单相变压器、线路电抗器每相应安装标志牌。 b）标明设备名称、编号及相别。线路电抗器每相应标明线路电压等级

序号	图形标志示例	名称	设置范围和地点
6－2	1号主变压器 10 kV穿墙套管 Ⓐ Ⓑ Ⓒ 1号主变压器 110 kV穿墙套管 Ⓑ	主变压器（线路） 穿墙套管标志牌	a）安装于主变压器（线路）穿墙套管内、外墙处。 b）标明主变压器（线路）编号、电压等级、名称。 分相布置的还应标明相别
6－3	3601ACF 交流滤波器	滤波器组、电容器组 标志牌	a）在滤波器组（包括交、直流滤波器，PLC噪声滤波器）电容器组的围栏门上分别装设，安装于离地面 1.5m 处，面向主巡视检查路线。 b）标明设备名称、编号
6－4	02DCCT 电流互感器 020FQ 换流阀 A相	阀厅内直流设备 标志牌	a）在阀厅顶部巡视走道遮栏上固定，正对设备，面向走道，安装于离地面 1.5m 处。 b）标明设备名称、编号
6－5	C1电容器 R1电阻器 L1电抗器	滤波器、电容器 组围栏内设备 标志牌	a）安装固定于设备本体上醒目处，本体上无位置安装时考虑落地固定，面向围栏正门。 b）标明设备名称、编号
6－6	500 kV姚郑线 5031断路器 500 kV姚郑线 5031断路器 A相	断路器标志牌	a）安装固定于断路器操作机构箱上方醒目处。分相布置的断路器标志牌每相应安装标志牌。 b）标明设备电压等级、名称、编号及相别

B.3　设备标志

续表

序号	图形标志示例	名称	设置范围和地点
6-7	500 kV 姚郑线 50314隔离开关 / 500 kV 姚郑线 50314隔离开关	隔离开关标志牌	a）手动操作型隔离开关安装于隔离开关操作机构上方100mm处；电动操作型隔离开关安装于操作机构箱门上醒目处。标志牌应面向操作人员。 b）标明设备电压等级、名称、编号
6-8	500 kV姚郑线 1号电流互感器 A相 / 220 kVⅡ段母线 1号避雷器 A相	电流互感器、电压互感器、避雷器、耦合电容器等标志牌	a）安装在单支架上的设备，标志牌还应标明相别，安装于离地面1.5m处；三相共支架设备，安装于支架横梁醒目处；落地安装加独立遮栏的设备（如避雷器、电抗器、电容器、所用变压器、专用变压器等），标志牌安装在设备围栏中部。标志牌应面向主巡视检查线路。 b）标明设备电压等级、名称、编号及相别
6-9	1号屋顶式组合空调机组 / LTT换流阀空气冷却器	换流站特殊辅助设备标志牌	a）安装在设备本体上醒目处，面向主巡视检查线路。 b）标明设备名称、编号
6-10	500 kV姚郑线 5031断路器端子箱	控制箱、端子箱标志牌	a）安装固定于控制箱门、端子箱门。 b）标明间隔或设备电压等级、名称、编号
6-11	500 kV姚郑线 503147接地刀闸 A相 / 500 kV姚郑线 503147接地刀闸 A相	接地刀闸标志牌	a）安装于接地刀闸操作机构上方100mm处。 b）标志牌应面向操作人员。 c）标明设备电压等级、名称、编号、相别
6-12	220 kV滨人线光纤纵差保护屏	控制、保护、直流、通信等盘柜标志牌	a）安装于盘柜前后顶部门楣处。 b）标明设备电压等级、名称、编号

续表

序号	图形标志示例	名称	设置范围和地点
6-13	220 kV滨人线 Ⓐ Ⓑ Ⓒ	室外线路出线间隔标志牌	a) 安装于线路出线间隔龙门架下方或相对应围墙墙壁上。 b) 标明电压等级、名称、编号、相别
6-14	220 kVⅠ段母线 Ⓐ Ⓑ Ⓒ 220 kVⅠ段母线 Ⓐ	散开式母线标志牌	a) 室外敞开式布置母线，母线标志牌安装于母线两端头正下方支架上，背向母线。 b) 室内敞开式布置母线，母线标志牌安装于母线端部对应墙壁上。 c) 标明电压等级、名称、编号
6-15	220 kVⅠ段母线 Ⓐ Ⓑ Ⓒ 10 kVⅡ段母线 Ⓐ Ⓑ Ⓒ	封闭式母线标志牌	a) GIS设备封闭母线，母线标志牌按照实际相序排列位置，安装于母线筒端部。 b) 高压开关柜母线标志牌安装于开关柜端部对应母线位置的柜壁上。 c) 标明电压等级、名称、编号、相序
6-16	10 kV凤燕线 Ⓐ Ⓑ Ⓒ	室内出线穿墙套管标志牌	a) 安装于出线穿墙套管内、外墙处。 b) 标明出线线路电压等级、名称、编号、相序
6-17	回路名称： 熔断电流：	熔断器、交（直）流开关标志牌	a) 悬挂在二次屏中的熔断器、交（直）流开关处。 b) 标明回路名称、额定电流
6-18	1号避雷针	避雷针标志牌	a) 安装于避雷针距地面1.5m处。 b) 标明设备名称、编号
6-19	明敷接地体图	明敷接地体	全部设备的接地装置（外露部分）应涂宽度相等的黄绿相间条纹。间距以100~150mm为宜

序号	图形标志示例	名称	设置范围和地点
6－20	 接地端	地线接地端（临时接地线）	固定于设备压接型地线的接地端
6－21	 220 kV 设备区 电源箱	低压电源箱标志牌	a）安装于各类低压电源箱上的醒目位置。 b）标明设备名称及用途
6－22	 1号消防水池	消防水池	装设在消防水池附近醒目位置，并应编号
6－23	 1号消防沙池	消防沙池（箱）	装设在消防沙池（箱）附近醒目位置，并应编号
6－24	 1号防火墙	防火墙	在变电站的电缆沟（槽）进入主控制室、继电器室处和分段处，电缆沟每间隔约60m处应设防火墙，将盖板涂成红色，标明"防火墙"字样，并应编号

B.4　安全警示线

B.4.1　安全警示线一般要求

安全警示线包括禁止阻塞线、减速提示线、安全警戒线、防止踏空线、防止碰头线、防止绊跤线和生产通道边缘警戒线等。安全警示线一般采用黄色或与对比色（黑色）同时使用。具体要求如下：

（1）禁止阻塞线：禁止在相应的设备前（上）停放物体，应采用45°黄色与黑色相间的等宽条纹，宽度宜为50～150mm，长度不小于禁止阻塞物1.1倍，宽度不小于禁止阻塞物1.5倍。

（2）减速提示线：提醒驾驶人员减速行驶，应采用45°黄色与黑色相间的等宽条纹，宽度宜为100～200mm。可采取减速带代替减速提示线。

（3）安全警戒线：提醒避免误碰，误触运行中的控制屏（台）、保护屏、配电屏和高

135

压开关柜等，应采用黄色，宽度宜为 50～150mm。

（4）防止踏空线：提醒注意通道上的高度落差，应采用黄色线，宽度为宜为 100～150mm。

（5）防止碰头线：提醒注意在人行通道上方的障碍物，应采用 45°黄色与黑色相间的等宽条纹，宽度宜为 50～150mm。

（6）防止绊跤线：提醒注意地面上的障碍物，应采用 45°黄色与黑色相间的等宽条纹，宽度宜为 50～150mm。

（7）生产通道边缘警戒线：提醒避免误入设备区，应采用黄色线，宽度宜为 100～150mm。

B.4.2 常用安全警示线

常用安全警示线见表 B-7。

表 B-7 常 用 安 全 警 示 线

序号	图形标志示例	名 称	设置范围和地点
7-1		禁止阻塞线	标注在地下设施入口盖板上；主控制室、继电保护室门内外；消防器材存放处；防火重点部位进出通道；通道旁边的配电柜前（800mm）及其他禁止阻塞的物体前
7-2		减速提示线	标注在变电站进站入口，变电站站内道路的弯道、交叉路口等限速区域的入口处
7-3		安全警戒线	设置在控制屏（台）、保护屏、配电屏和高压开关柜等设备周围，至屏面的距离宜为 300～800mm，可根据实际情况进行调整
7-4		防止踏空线	标注在上下楼梯第一级台阶上；人行通道高差 300mm 以上的边缘处
7-5		防止碰头线	标注在人行通道高度小于 1.8m 的障碍物上

序号	图形标志示例	名　称	设置范围和地点
7-6		防止绊跤线	标注在人行横道地面上高差300mm以上的管线或其他障碍物上
7-7		生产通道边缘警戒线	标注在生产通道两侧,宜采用道路反光漆或强力荧光油漆进行涂刷

B.5　安全防护设施

B.5.1　安全防护设施一般要求

安全防护设施包括安全帽、安全带、固定防护遮栏、区域隔离遮栏、临时遮栏(围栏)红布幔、孔洞盖板等设施和用具。工作人员进入生产现场,应根据作业环境存在的危险因素,穿戴或使用必要的防护用品。

B.5.2　常用安全防护设施

常用安全防护设施见表B-8。

表B-8　　　　　常用安全防护设施

序号	图形标志示例	名　称	设置范围和地点
8-1		安全帽	a) 任何人进入生产现场(办公室、主控制室、值班室除外),应正确佩戴安全帽。 b) 安全帽应符合GB 2811的规定。 c) 安全帽实行分色管理。红色安全帽为管理人员使用,黄色安全帽为运行人员使用,蓝色安全帽为检修(施工、试验等)人员使用,白色安全帽为外来参观人员使用
8-2		安全带	a) 在没有脚手架或者在没有栏杆的脚手架上工作,高度超过1.5m时,应使用安全带。 b) 安全带应符合GB 6095的规定

序号	图形标志示例	名　称	设置范围和地点
8-3		固定防护遮栏	a）固定防护遮栏适用于落地安装的高压设备周围及生产现场平台、人行通道、升降口、大小坑洞、楼梯等有坠落危险的场所。 b）用于设备周围的遮栏高度不低于 1700mm，设置供工作人员出入的门并上锁；防坠落遮栏装设 1050~1200mm 高的栏杆和 500~600mm 高的安全横栏杆，并装设不低于 180mm 高的挡脚板。 c）固定遮栏上应悬挂安全标志，位置根据实际情况而定。 d）固定遮栏及防护栏杆、斜梯应符合 GB 4053.2 和 GB 4053.3 的规定，其强度和间隙满足防护要求。 e）检修期间需将栏杆拆除时，应装设临时遮栏，并在检修工作结束后将栏杆立即恢复
8-4		区域隔离遮栏	a）区域隔离遮栏适用于设备区与其他功能区，运行设备区与改（扩）建施工区设备区之间的隔离，也可用于不同电压等级设备区的隔离，装设在人员活动密集场所周围。 b）区域隔离遮栏应采用不锈钢或塑钢等材料制作，高度不低于 1050mm，其强度和间隙满足防护要求。工作人员进出等活动部分应加锁
8-5		临时遮栏（围栏）	a）临时遮栏（围栏）适用于下列场所：有可能高处落物的场所；作业现场与运行设备的隔离；作业现场规范工作人员活动范围；作业现场安全通道；作业现场临时起吊场地；防止其他人员靠近的高压试验场所；安全通道或沿平台等边缘部位，因检修拆除常设栏杆的场所；事故现场保护；需临时打开的平台、地沟、孔洞盖板周围（距地沟、空洞边缘不小于 150mm）；直流换流站单极停电工作，应在双极公共区域设备与停电区域之间设置围栏。 b）临时遮栏（围栏）应采用满足安全、防护要求的材料制作。有绝缘要求的临时遮栏应采用干燥木材、橡胶或其他坚韧绝缘材料制成。 c）临时遮栏（围栏）高度为 1050~1200mm；防坠落遮栏应在下部装设不低于 180mm 高的挡脚板，并设 500~600mm 高的安全横栏杆。 d）临时遮栏（围栏）应悬挂安全标志，位置根据实际情况而定

序号	图形标志示例	名 称	设置范围和地点
8-6	运行设备 运行设备	红布幔	a）红布幔适用于变电站二次系统上进行工作时，将检修设备与运行设备前后以明显的标志隔开。 b）红布幔尺寸一般为 2400mm×800mm、1200mm×800mm、650mm×120mm，也可根据现场实际情况制作。 c）红布幔上印有运行设备字样，白色黑体字，布幔上下或左右两端设有绝缘隔离的磁铁或挂钩
8-7	覆盖式 镶嵌式	孔洞盖板	a）适用于生产现场可打开的孔洞。 b）孔洞盖板均应为防滑板，且应覆以与地面齐平的坚固的有限位的盖板。盖板边缘应大于孔洞边缘100mm，限位块与孔洞边缘距离不得大于25～30mm，网络板孔眼不应大于50mm×50mm。 c）在检修工作中如需将孔洞盖板取下，应设临时围栏。临时打开的孔洞，施工结束后应立即恢复原状；夜间不能恢复的，应加装警示红灯。 d）孔洞盖板可制成与现场孔洞互相配合的长方形、圆形等形状，选用镶嵌式、覆盖式，并在其表面涂刷45°黄黑相间的等宽条纹，宽度宜为50～100mm。 e）孔洞盖板拉手可做成活动式，或在盖板两侧设直径约8mm小孔，便于钩起

B.6 安全设施标志牌制作标准

B.6.1 禁止标志制图标准

禁止标志牌的制图标准见图B-8，参数见表B-9，可根据现场情况采用甲、乙，丙、丁或戊规格。

B.6.2 警告标志制图标准

警告标志牌的制图标准见图B-9，参数见表B-10，可根据现场情况采用甲、乙、丙或丁规格。

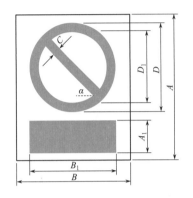

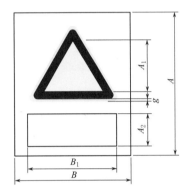

图B-8 禁止标志牌的制图标准　　　　图B-9 警告标志牌的制图标准

表 B-9　　　　　　　禁止标志牌的制图参数 （$\alpha=45°$）　　　　　单位：mm

种 类	参 数					
	A	B	A_1	$D（B_1）$	D_1	C
甲	500	400	115	305	244	24
乙	400	320	92	244	195	19
丙	300	240	69	183	146	14
丁	200	160	46	122	98	10
戊	80	65	18	50	40	4

表 B-10　　　　　　　警告标志牌的制图参数　　　　　　　单位：mm

种 类	参 数					
	A	B	B_1	A_2	A_1	g
甲	500	400	305	115	213	10
乙	400	320	244	92	170	8
丙	300	240	183	69	128	6
丁	200	160	122	46	85	4

注　边框外角圆弧半径 $r=0.080A_1$。

B.6.3 指令标志制图标准

指令标志牌的制图标准见图B-10，参数见表B-11，可根据现场情况采用甲、乙、丙或丁规格。

B.6.4 提示标志制图标准

提示标志牌的制图标准见图 B-11，参数为：$A=250$mm，$D=200$mm 或 $A=80$mm，$D=65$mm。

表 B-4 中的序号 4-5 "安全距离" 标志牌的制图标准与参数参见图 B-11。

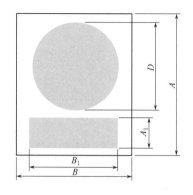

图 B-10　指令标志牌的制图标准

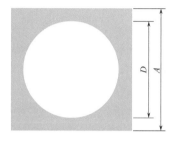

图 B-11　提示标志牌的制图标准

表 B-11　　　　　　　　　　指令标志牌的制图参数　　　　　　　　单位：mm

种 类	参 数			
	A	B	A_1	D (B_1)
甲	500	400	115	305
乙	400	320	92	244
丙	300	240	69	183
丁	200	160	46	122

B.6.5 厂内道路交通标志制图标准

变电站限制高度、速度等禁令标志的基本型式一般为圆形、白底、红圈、黑图案。圆形标志牌的制图标准见图 B-12，制图参数见表 B-12，可根据现场情况采用甲或乙规格。

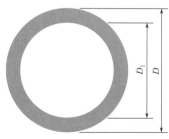

图 B-12　圆形交通禁令标志牌的
制图标准

表 B-12　交通禁令标志牌的制图参数　　单位：mm

种 类	参 数	
	D	D_1
甲	600	480
乙	500	400

B.6.6　消防安全标志制图标准

B.6.6.1　方向辅助标志牌

基本型式是一正方形衬底牌和导向箭头图形，标志牌尺寸（边长）一般为 250mm 或根据现场实际选择，箭头方向可根据现场实际情况选择。衬底为绿色时指示到紧急出口的方向，衬底为红色时指示灭火设备或报警装置的方向。

B.6.6.2　组合标志牌

基本型式是长方形衬底牌，由图形标志、方向辅助标志和文字辅助标志的组合。其中，方向辅助标志与有关标志联用，指示被联用标志所表示意义的方向。衬底为绿色时指示到紧急出口的方向，衬底为红色时指示灭火设备或报警装置的方向。

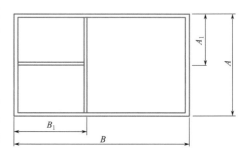

图 B-13　消防组合标志牌的制图标准

消防组合标志牌的制图标准和参数见图 B-13 和表 B-13，可根据现场情况采用甲或乙规格。

表 B-13　　　　　　　　　　消防组合标志牌的制图参数　　　　　　　　　　单位：mm

种类	参数			
	B	A	B_1	A_1
甲	500	400	200	200
乙	350	300	140	140

B.6.6.3　设备标志制图标准

设备标志牌基本型式为长方形，衬底色为白色，边框、编号文字为红色（接地设备标志牌的边框、文字为黑色）。采用反光黑体字，字号根据标志牌尺寸、字数适当调整。设备标志牌的图例见图 B-14～图 B-22，制图参数见表 B-14～表 B-18，标志牌尺寸可根据现场实际适当调整。

设备标志制图标准色：红色 M100 Y100，黑色 K100，绿色 C100 Y100，黄色 M20 Y100。变压器、电抗器等标志牌的图例见图 B-14，制图参数见表 B-14。

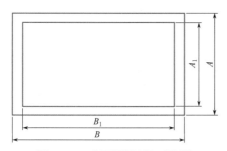

图 B-14　变压器标志牌（示例）

表 B-14　　　　　　　　　　变压器标志牌的制图参数　　　　　　　　　　单位：mm

种类	参数			
	B	A	B_1	A_1
甲	300	200	268	168
乙	400	300	364	264
丙	500	400	460	360

　　断路器、隔离开关，电流互感器、电压互感器、避雷器、耦合电容器、阻波器、控制箱、端子箱、接地刀闸标志牌的图例见图 B-15，制图参数见表 B-15。

　　室内配电装置标志牌的图例见图 B-16，制图参数见表 B-16。

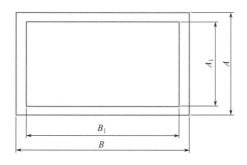

图 B-15　断路器标志牌（示例）

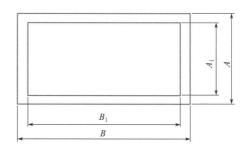

图 B-16　室内配电装置标志牌（示例）

表 B-15　　　　　　　　　　　　断路器标志牌的制图参数　　　　　　　　　　　单位：mm

种类	参　数			
	A	B	A_1	B_1
甲	220	320	188	288
乙	160	250	124	214

表 B-16　　　　　　　　　　　室内配电装置标志牌的制图参数　　　　　　　　　单位：mm

种　类	参　数			
	A	A_1	B	B_1
甲	160	136	200	176
乙	144	124	180	160
丙	120	104	150	134

　　控制、保护、交（直）流、电能、远动等屏柜标志牌的图例见图 B-17，制图参数见表 B-17。

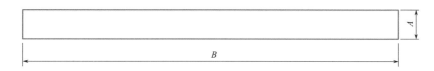

图 B-17　屏柜标志牌（示例）

表 B-17　　　　　　　　　　　　屏柜标志牌的制图参数　　　　　　　　　　　单位：mm

种　类	参　数	
	A	B
甲	60	800

母线标志牌的图例见图 B-18，制图参数见表 B-18。

表 B-18　　　　　　　　母线标志牌的制图参数　　　　　　　　单位：mm

种类	参数					
	A	A_1	A_2	B	B_1	B_2
甲	350	320	313	500	470	463
乙	124	114	109	200	184	179
丙	110	94	90	160	144	140

熔断器标志牌的图例及制图参数见图 B-19。

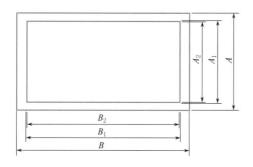

图 B-18　母线标志牌（示例）

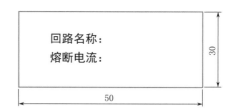

图 B-19　熔断器标志牌（示例）

注：单位为 mm。

电力电缆标志牌的图例及制图参数见图 B-20。

二次电缆标志牌的图例及制图参数见图 B-21。

图 B-20　电力电缆标志牌（示例）

注：单位为 mm。

图 B-21　二次电缆标志牌（示例）

注：单位为 mm。

临时接地线固定接地端标志牌（正三角形）的图例见图 B-22，制图参数见表 B-19。

表 B-19　临时接地线固定接地端
标志牌的制图参数　单位：mm

种类	参数	
	A	C
甲	200	20
乙	100	10

图 B-22　临时接地线固定
接地端标志牌（示例）

相位标志牌的图例见图 B-23，制图参数见表 B-20。

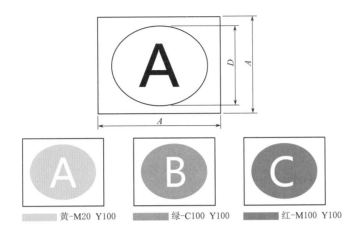

图 B-23　相位标志牌（示例）

黄-M20 Y100　　绿-C100 Y100　　红-M100 Y100

表 B-20　　　　　　　　　　相位标志牌的制图参数　　　　　　　　　　单位：mm

种类	参　　数	
	A	C
35～110kV 母线	160	200
220～500kV 母线	300	340
750～1000kV 母线	460	500
室外高压设备	120	180

B.7　一次设备标识

B.7.1　转接手车标识

内容：接地手车上应具有清晰、明显的名称以指示设备相位或功能。

标准名称：电压等级（主变名称）＋功能名称（有多台相同功能转接手车时应加编号）。

尺寸：转接手车上铭牌尺寸根据安装处要求制作，定置处标识按一次设备铭牌尺寸等比例缩放。

色号：转接手车铭牌为白底红框红字验电手车铭牌为白底黑框黑字。

字体：黑体。

材质：铝合金或贴纸。

安装：安装位置为转接手车上，定置位置墙上。

转接手车标识示意图如图 B-24 所示。

贴在转接手车上　　　　　　　　　贴在接地验电车上

贴在定置对应墙上　　　　　　　贴在接地验电车定置位置墙上

图 B-24　转接手车标识示意图

B.7.2　手车操作方向标识

内容：手车操作处应具有明显的操作方向标识。

尺寸：建议圆环外径 80mm×内径 40mm，安装处如有特殊要求可以按同比例缩放。

色号：转接手车铭牌为白底红框红字。

字体：黑体。

材质：铝合金或贴纸。

安装：手车操作处，粘贴在手车操作孔边中间。

图 B-25　手车操作方向标识示意图

手车操作方向标识示意图如图 B-25 所示。

B.7.3　一次设备相位相色标识

内容：一次设备上应具有清晰、明显的相色或相位标识以指示设备相位或功能。

尺寸：相位标识直径为 80mm。

色号：红色色彩为 C0M100Y70K20，黄色色彩为 C0M40Y100K0，绿色色彩为 C100M0Y60K0，蓝色色彩为 C100M0Y0K0。

主变：相色标识贴于主变高中压侧升高座面对主通道正中位置，主变中性点套管末端法兰及引下扁铁上刷蓝色油漆。

线路、主变、分段及旁路间隔：相色标识贴于间隔流变底座面对巡视通道方向正中位置。

母线压变间隔：相色标识贴于母线压变底座面对巡视通道方向正中位置。

接地闸刀：接地闸刀垂直连杆从底部起向上漆黑 0.6m。

接地引下体：使用黄绿漆标注，变电站内接地引下体涂刷黄绿漆，接地引下体高度超过 1200mm 者，黄绿漆涂刷至距地面 1200mm 位置，黄绿相间涂刷，每节长度为 150mm，自上而下第一节为黄色；接地引下体高度超过 300mm 不足 1200mm 者，黄绿漆自上而下满涂接地引下体，每节长度为 150mm；接地引下体高度不足 300mm 者黄绿漆自上而下满涂接地引下体，每节长度为 50mm。

一次设备相位相色标识示意图如图 B-26 所示。

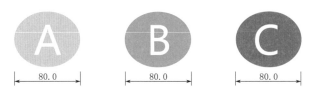

图 B-26　一次设备相位相色标识示意图（尺寸单位：mm）

B.7.4　管道标识

内容：管道上应具有颜色、文字及流向等标识来区分管道的功能及用途。

色号：黄色色彩为 PANTONE151C，红色色彩为 PANTONE186C，灰色色彩为 PANTONE413C。

字体：黑体。

工艺：底色使用相应颜色油漆涂刷，文字及箭头使用黑色或白色油漆标注，文字及箭头应标注在距弯头 500mm 的直管段上，如两弯头间不足 1000mm 时应选择中间位置。

管道标识如图 B-27 和表 B-21 所示。

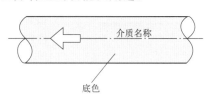

图 B-27　管道标识示意图

表 B-21　　　　　　　　　　　　　　管道标识名称与底色

管道名称	消防水管	冷却水管	氮气管	SF$_6$管
管道底色	红色	与本体同色	黑色	黄色

B.7.5　主变阀门标识

B.7.5.1　主变采油样阀

内容：主变名称＋本体（或有载）＋采油样阀，并用箭头标注油流方向。如：1 号主变有载采油样阀。

尺寸：建议 20mm×80mm，安装处如有特殊要求可以按同比例缩放。

色号：白底红字。

字体：黑体。

材质：铝合金或贴纸。

安装：安装于采油样阀上部油管上，字体面向通道，箭头朝向油流方向。

B.7.5.2　主变放油阀

内容：主变名称＋本体（或有载）＋放油阀，并用箭头标注油流方向。如：1 号主变有载放油阀。

尺寸：建议 20mm×80mm，安装处如有特殊要求可以按同比例缩放。

色号：白底红字。

字体：黑体。

材质：铝合金或贴纸。

安装：安装于放油阀上部油管上，字体面向通道，箭头朝向油流方向。

B.7.5.3   主变事故放油阀

内容：主变事故放油阀门上应具有明显标识区分于其他阀门。

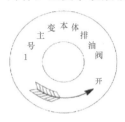

图 B-28   主变事故
放油阀示意图

尺寸：根据安装处要求制作。

色号：阀门把手及阀门转动标识上文字均为红色（PAN-TONE186C），事故放油管口至阀门之间为黑色。

字体：黑体。

材质：阀门转动标识为铝合金。

安装：阀门转动标识上文字为化学蚀刻上色，阀门转动标识使用不干胶固定于放油阀把手下；阀门把手使用红色油漆满涂；事故放油管口至阀门之间使用黑色油漆满涂。

主变事故放油阀示意图如图 B-28 所示。

B.7.6   主变油枕进出油管标识

内容：主变油枕进出油管上应具有明显标识区分。

尺寸：虚线为 90mm×50mm，箭头为 60mm×5mm。

色号：标识均为红色。

材质：不干胶。

标色：红色"↑、↓"指示。

主变油枕进出油管标识示意图如图 B-29 所示。

B.7.7   主变温度表标识

内容：主变温度表＋编号。

尺寸：20mm×30mm。

色号：主变温度表 1 字体：黑体黄底黑字、主变温度表。

字体：黑体。

材质：不干胶。

安装：主变温度表中间轴下部。

主变温度表标识示意图如图 B-30 所示。

B.7.8   接地点标识

内容：应准确描述接地点位置。

尺寸：标识为边长 50mm 的正三角形，边框色彩宽度 5mm。标识接地端、接地闸刀为 80mm×40mm、虚线框 5mm 用不干胶。不同尺寸按盒盖大小比例而定。

色号：字体、边框、图形为黑色，底板为白色。

材质：铝合金或贴纸。

安装：将标示牌固定于构架上，或直接将不干胶粘贴于接地点附近。

接地点标识如图 B‑31 所示。

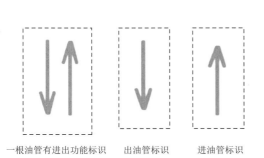

图 B‑29　主变油枕进出油管标识示意图　　　图 B‑30　主变温度表标识示意图

图 B‑31　接地点标识示意图

B.7.9　110kV 变电站一次设备标准名称

B.7.9.1　110kV 主变变电站

110kV 主变变电站设备标准名称见表 B‑22。

表 B‑22　　　　　　　　　　110kV 主变变电站设备标准名称

变电站	间隔	序号	设　备	标准名称	举　例
110kV	主变	1	主变有载滤油装置	主变名称＋有载滤油装置	1号主变有载滤油装置
		2	主变有载机构箱	主变名称＋有载调压机构箱	1号主变有载调压机构箱
		3	主变冷却风扇编号	编号	①、②、③……
		4	主变冷却器组编号	编号	①、②、③……
		5	主变冷却器电源箱	主变名称＋风机电源＋控制箱	1号主变风机电源控制箱

变电站	间隔	序号	设备	标准名称	举例
110kV	主变	6	主变闸刀操作箱	主变名称＋电压等级＋侧＋编号＋闸刀＋控制箱	1号主变110kV侧7011闸刀控制箱
		7	主变闸刀机构箱	主变名称＋电压等级＋侧＋编号＋闸刀	1号主变110kV侧7011闸刀
		8	主变接地闸刀机构箱	主变名称＋电压等级＋侧＋编号＋接地闸刀	1号主变110kV侧7011接地闸刀
		9	主变110kV穿墙套管下方（GIS）	主变名称＋电压等级＋侧＋穿墙套管＋三相相别	1号主变器110kV侧穿墙套管A、B、C
		10	主变10kV穿墙套管下方	主变名称＋电压等级＋侧＋穿墙套管＋三相相别	1号主变器10kV侧穿墙套管A、B、C
		11	主变10kV避雷器	主变名称＋电压等级＋侧＋避雷器	1号主变10kV侧避雷器
		12	主变110kV中性点避雷器	主变名称＋电压等级＋侧＋中性点＋避雷器	1号主变110kV侧中性点避雷器
		13	主变端子箱	主变名称＋端子箱	1号主变端子箱
		14	变压器	主变名称	1号主变
		15	主变110kV中性点接地闸刀	主变名称＋电压等级＋侧＋中性点＋编号＋接地闸刀	1号主变110kV侧中性点7010接地闸刀
		16	主变汇控柜（GIS柜）	主变名称＋汇控柜	1号主变汇控柜
		17	主变智能终端柜（智能化）	主变名称＋智能终端柜	1号主变智能终端柜
		18	接地电阻	主变名称＋电压等级＋侧＋接地电阻	1号主变10kV侧接地电阻

B.7.9.2　110kV 变电站

110kV 变电站设备标准名称见表 B-23。

表 B-23　110kV 变电站设备标准名称

变电站	间隔	序号	设备	标准名称	举例
110kV	开关	1	开关	电压等级＋开关名称＋编号＋开关	110kV吕钢711开关
		2	闸刀	电压等级＋开关名称＋编号＋闸刀	110kV吕钢7111闸刀
					110kV吕钢7002闸刀
		3	开关接地闸刀	电压等级＋开关名称＋编号＋接地闸刀	110kV吕钢7116接地闸刀
					110kV分段7003接地闸刀
					110kV吕钢7115接地闸刀
		4	闸刀、开关操作端子箱	电压等级＋开关名称＋编号＋开关端子箱	110kV吕钢711开关端子箱
					110kV分段700开关端子箱

变电站	间隔	序号	设备	标准名称	举例
110kV	开关	5	开关汇控柜（GIS柜）	电压等级＋开关名称＋编号＋开关汇控柜	110kV 吕钢 711 开关汇控柜
					110kV 分段 700 开关汇控柜
		6	开关智能终端箱（智能化）	电压等级＋开关名称＋编号＋智能终端柜	110kV 吕钢 711 智能终端柜
		7	进线互感器	电压等级＋开关名称＋编号＋流变（同一柱或 GIS）	110kV 吕钢 711 流变
				电压等级＋开关名称＋编号＋流变＋X 相（不同一柱）	110kV 吕钢 711 流变 A 相
		8	互感器端子（GIS）	电压等级＋开关名称＋编号＋流变端子箱	110kV 吕钢 711 流变端子箱
	出线	1	出线间隔	电压等级＋开关名称＋编号＋线电压等级＋开关名称＋编号＋线路接地闸刀	110kV 吕钢 7519 线
		2	出线接地闸刀	电压等级＋开关名称＋编号＋线＋避雷器	110kV 吕钢 7114 线路接地闸刀
		3	出线避雷器	电压等级＋开关名称＋编号＋线＋避雷器＋X 相（分相）	110kV 吕钢 7519 线避雷器
					110kV 吕钢 7519 线避雷器
		4	出线压变	电压等级＋开关名称＋编号＋线＋压变	110kV 吕钢 7519 线压变
	母线	1	母线压变	电压等级＋母线名称＋压变	110kV Ⅰ段母线压变
		2	母线压变端子箱	电压等级＋母线名称＋压变＋端子箱	110kV Ⅰ段母线压变端子箱
		3	母线压变闸刀	电压等级＋母线名称＋压变＋编号＋闸刀	110kV Ⅰ段母线压变 7015 闸刀
		4	母线压变接地闸刀	电压等级＋母线名称＋压变＋编号＋接地闸刀	110kV Ⅰ段母线压变 7016 接地闸刀
		5	母线避雷器	电压等级＋母线名称＋避雷器	110kV Ⅰ段母线避雷器
				电压等级＋母线名称＋避雷器＋X 相（不同一柱）	110kV Ⅰ段母线避雷器 A 相
		6	母线压变汇控柜（GIS）	电压等级＋母线名称＋压变＋汇控柜	110kV Ⅰ段母线压变汇控柜
		7	主变、110kV 母线压变汇控柜（GIS）	主变名称＋电压等级＋母线名称＋汇控柜	1 号主变、110kV Ⅰ段母线压变汇控柜

B.7.9.3 35kV/20kV/10kV 设备

35kV/20kV/10kV 设备标准名称见表 B-24。

表 B-24　　　　　　　　　　35kV/20kV/10kV 设备标准名称

变电站	间隔	序号	设备	标准名称	举例
110kV	线路、电容器、接地变、所编间隔（敞开式）	1	开关	电压等级＋开关名称＋编号＋开关	10kV 北港 111 开关
		2	闸刀	电压等级＋开关名称＋编号＋闸刀	10kV 北港 1111 闸刀
		3	开关两侧接地闸刀	电压等级＋开关名称＋编号＋接地闸刀	10kV 北港 1116 接地闸刀
		4	出线接地闸刀	电压等级＋开关名称＋编号＋线路接地闸刀	10kV 北港 1114 线路接地闸刀
		5	出线间隔	电压等级＋开关名称＋编号＋线	10kV 北港 111 线
		6	出线相别	电压等级＋开关名称＋编号＋线＋X 相	10kV 北港 111 线 A 相
	线路、手车柜	1	开关手车	电压等级＋开关名称＋编号＋开关	10kV 北港 111 开关
		2	开关柜前柜门	电压等级＋开关名称＋编号＋开关	10kV 北港 111 开关
		3	出线接地闸刀	电压等级＋开关名称＋编号＋线路接地闸刀	10kV 北港 1114 线路接地闸刀
		4	开关柜后柜门	电压等级＋开关名称＋编号＋线	10kV 北港 111 线
		5	开关柜上柜眉	电压等级＋开关名称＋编号＋开关柜	10kV 北港 111 开关柜
	分段间隔（手车柜）	1	分段开关前柜门	电压等级＋开关名称＋编号＋开关	10kV 分段 110 开关 10kV Ⅰ、Ⅰ段分段 110 开关
		2	分段闸刀	电压等级＋开关名称＋编号＋闸刀	10kV Ⅰ、Ⅱ段分段 1101 闸刀
		3	分段开关上柜眉	电压等级＋开关名称＋编号＋开关柜	10kV 分段 110 开关柜
		4	分段闸刀上柜眉	电压等级＋开关名称＋编号＋柜	10kV Ⅰ、Ⅱ段分段 1101 闸刀柜
	母线	1	母线	电压等级＋母线名称＋X 相（相别按现场设备排列）	10kV Ⅰ段母线 A 相、B 相、C 相
		2	过桥母线	电压等级＋母线名称＋X 相（相别按现场设备排列）	10kV Ⅰ段母线 A 相、B 相、C 相
		3	母线压变前柜门	电压等级＋母线名称＋压变＋编号＋闸刀	10kV Ⅰ段母线压变 1015 闸刀
		4	母线压变后柜门	电压等级＋母线名称＋压变	10kV Ⅰ段母线压变
		5	母线压变闸刀	电压等级＋母线名称＋压变＋编号＋闸刀	10kV Ⅰ段母线压变 1015 闸刀
		6	母线压变闸刀上柜眉	电压等级＋母线名称＋压变柜	10kV Ⅰ段母线压变柜

变电站	间 隔	序号	设 备	标 准 名 称	举 例
110kV	接地变、所用变、电容器（手车）	1	接地变（所用变、电容器）前柜门	电压等级＋设备名称＋编号＋开关（接地变间隔为开关手车）	10kV 1 号接地变 169 开关
				电压等级＋设备名称＋编号＋闸刀（接地变间隔为隔离手车）	10kV 1 号接地变 169 闸刀
		2	开关手车	电压等级＋设备名称＋编号＋开关（接地变间隔为开关手车）	10kV 1 号接地变 169 开关
		3	隔离手车	电压等级＋设备名称＋编号＋闸刀（接地变间隔为隔离手车）	10kV 1 号接地变 169 闸刀
		4	接地变（所用变、电容器）后柜门	电压等级＋设备名称＋编号	10kV 1 号接地变 169
		5	接地变（所用变、电容器）开关上柜门	电压等级＋设备名称＋编号＋开关柜	10kV 1 号接地变 169 开关柜
		6	接地变（所用变、电容器）闸刀上柜门	电压等级＋设备名称＋编号＋开关柜	10kV 1 号接地变 169 闸刀柜
		7	接地闸刀	电压等级＋设备名称＋编号＋接地闸刀	10kV1 号接地变 1690 接地闸刀

B.7.9.4 20kV/10kV 无功补偿设备

20kV/10kV 无功补偿设备标准名称见表 B－25。

表 B－25　　　　　　　　20kV/10kV 无功补偿设备标准名称

变电站	间隔	序号	设 备	标 准 名 称	举 例
110kV	电容器间隔分组	1	电容器网门	电压等级＋电容器名称	10kV 1 号电容器
		2	电容器	电压等级＋电容器名称＋X 组	10kV 1 号电容器 A 组
		3	电容器开关	电压等级＋电容器名称＋编号＋开关	10kV 1 号电容器 191A 开关
		4	电容器闸刀	电压等级＋电容器名称＋编号＋闸刀	10kV 1 号电容器 191A3 闸刀
		5	电容器组接地闸刀	电压等级＋电容器名称＋编号＋接地闸刀	10kV 1 号电容器 191A5 接地闸刀
		6	分散型电容器本体	相别＋编号	A－1、B－1、C－1
		7	分散型电容器本体	电压等级＋电容器名称	10kV 1 号电容器

B. 7. 9. 5 35kV/20kV/10kV 所用变、消弧线圈等设备

35kV /20kV/10kV 所用变、消弧线圈等设备标准名称见表 B-26。

表 B-26   35kV/20kV/10kV 所用变、消弧线圈等设备标准名称

变电站	间隔	序号	设备	标准名称	举例
110kV	接地变消弧线圈	1	接地变柜门	电压等级＋接地变名称	10kV 1 号接地变
		2	消弧线圈闸刀	电压等级＋消弧线圈名称＋编号＋闸刀	10kV 1 号消弧线圈 1610 闸刀

B. 7. 9. 6 变电站其他通用设备

变电站其他通用设备标准名称见表 B-27。

表 B-27   变电站其他通用设备标准名称

变电站	间隔	序号	设备	标准名称	举例
110kV	通用	1	检修电源箱	场地名称＋编号＋检修电源箱	220kV 高压区 1 号检修电源箱
		2	避雷针	编号＋避雷针	1 号避雷针

B. 8 二次设备名称及标识

B. 8. 1 二次屏柜标识要求

内容：按照二次设备命名规范执行，屏柜名称应能体现出屏柜内装置类型及功能。

尺寸：长度与门楣宽度相同，宽度为 60mm。

色号：白底红框红字。

字体：黑体。

材质：不干胶工业贴纸。

安装：屏柜前后顶部门楣处。

二次屏柜标识要求示意图如图 B-32 所示。

图 B-32 二次屏柜标识
要求示意图

B. 8. 2 二次压板标识要求

内容：按照二次设备命名规范执行，压板名称牌标识应能明确反映出该压板的功能。

尺寸：建议 31mm×10mm，可根据安装处实际尺寸确定。

色号：出口压板为红底白字，功能压板为黄底黑字，遥控压板为蓝底白字。备用白底黑字。

字体：黑体。

材质：标签机打印、有机塑料板或工业贴纸。

安装：压板连片正下方 5mm 处。

二次压板标识示例如图 B-33 所示。

图 B-33 二次压板标识示例

B.8.3 二次空开、切换开关标识要求

内容：按照二次设备命名规范执行，空开名称牌标识应能明确反映出该空开的功能。

尺寸：可根据安装处实际尺寸确定。

色号：交流空开及切换开关为白底黑字，直流空开为黄底黑字。

字体：黑体。

材质：标签机打印、有机塑料板或工业贴纸。

安装：空开名称指示牌安装于空开正下方 5mm 处或空开上（可视现场具体情况而定）；切换开关位置指示安装于切换手柄正方向引线 5mm 处，切换开关名称指示牌安装于切换开关正下方 5mm 处。

二次空开、切换开关标识示例如图 B-34 所示。

图 B-34 二次空开、切换开关标识示例

B.8.4 同屏不同间隔保护压板区域划分标识要求

内容：通过保护压板前名称来区分同屏不同间隔的压板。

尺寸：50mm×20mm。虚线 5mm。

颜色：白底红字。

色号：红色色彩为 C0M100Y70K20。

材质：标签机打印、有机塑料板或工业贴纸。

安装：同屏不同间隔的压板之间或上下排压板之间。

区域划分标识示例如图 B-35 所示。

> ```
> 10kV北港线111
> ```
>
> 图 B-35 区域划分标识示例

B.8.5 分隔线要求

内容：通过分隔线来区分同屏不同装置的压板或用颜色不能明确区分的压板。

尺寸：长度与所需分隔部分宽度相同，宽度为 5mm。

色号：红色色彩为 C0M100Y70K20。

材质：不干胶，工业贴纸。

安装：同屏不同装置的压板之间或上下排压板颜色完全相同的压板之间。

B.8.6 开关操作防护罩

内容：防护罩具备提示他人禁止触碰操作出的功能。

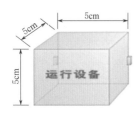

图 B-36 开关操作
防护罩示意图

尺寸：长度、宽度、高度均比操作手柄大 5mm。

色号：红色色彩为 PANTONE186C。

材质：防护罩为立方形有机玻璃罩，其底面无底板，顶部面板上采用化学蚀刻上色方法标注红色文字"运行设备"，两侧镶有磁石，能使防护罩吸附于控制屏上。

安装：安装于开关操作手柄（按钮）处（无防护措施）。

开关操作防护罩如图 B-36 所示。

B.8.7 运行、退运设备标识

内容：运行、退运设备标识具备提示他人该设备为运行还是退运设备的功能。

尺寸：建议 330mm×120mm。

色号：红色色彩为 PANTONE186C。

字体：黑体。

材质：不干胶工业贴纸。

安装位置：安装于二次屏柜背面，标识下沿距地面 1500mm，横向位置为屏门正中位置。

运行、退运设备标识如图 B-37 所示。

图 B-37 运行、退运设备标识示意图

B.8.8 保护装置前后名称

内容：通过保护装置前后名称来区分同屏不同装置位置的功能。

尺寸：30mm×100mm 黄底黑字标签。

色号：黄色色彩为 PANTONE186C。

材质：不干胶工业贴纸或标签纸。

安装：保护装置下塑料盖板中间。

保护装置前后标识如图 B-38 所示。

图 B-38 保护装置前后标识示意图

B.8.9 110kV变电站二次保护设备名称标准

B.8.9.1 主变保护装置

主变保护装置标准名称见表 B-28。

表 B-28　　　　　　　　　　主变保护装置标准名称

变电站	间隔	序号	设　备	标准名称	举　例
110kV	保护屏前后楣框	1	主变保护屏	主变名称＋保护屏	1号主变保护屏
	装置及压板名称	1	主变差动保护	保护名称＋装置	差动保护装置
				压板编号＋保护名称＋跳＋开关编号＋出口	＊LP差动保护跳711开关出口
					＊LP差动保护跳700开关出口
					＊LP差动保护跳301开关出口
					＊LP差动保护跳101开关出口
				压板编号＋投＋保护名称	＊LP投差动保护
				压板编号＋保护名称＋闭锁进线备自投	＊LP差动保护闭锁进线备自投
				压板编号＋保护名称＋闭锁桥备自投	＊LP差动保护闭锁桥备自投
				压板编号＋保护名称＋装置检修	＊LP差动保护置检修
		2	主变高后备保护	保护名称＋装置	高后备保护装置
				压板编号＋保护名称＋跳＋开关编号＋出口	＊LP高后备保护跳711开关出口
				压板编号＋投＋保护名称	＊LP投高后备保护
				压板编号＋投＋保护名称＋高复压	＊LP投高后备保护高复压
				压板编号＋投＋保护名称＋低复压开入	＊LP投高后备保护低复压开入
				压板编号＋保护名称＋置检修	＊LP高后备保护置检修
		3	主变低后备保护	保护名称＋装置	低后备保护装置
				压板编号＋保护名称＋跳＋开关编号＋出口	＊LP低后备保护跳711开关出口
				压板编号＋投＋保护名称	＊LP投低后备保护
				压板编号＋投＋保护名称＋低复压	＊LP投低后备保护低复压
				压板编号＋投＋保护名称＋闭锁10kV备自投	＊LP投低后备保护闭锁10kV备自投
				压板编号＋保护名称＋置检修	＊LP低后备保护置检修

变电站	间隔	序号	设 备	标 准 名 称	举 例
110kV	装置及压板名称	4	主变非电量保护装置	保护名称＋装置	非电量保护装置
				压板编号＋投＋有载瓦斯	＊LP 投有载瓦斯保护
				压板编号＋投＋本体瓦斯	＊LP 投本体瓦斯保护
				压板编号＋保护名称＋跳＋开关编号＋出口	＊LP 非电量保护跳 101 开关出口
				压板编号＋保护名称＋跳＋开关编号＋出口	＊LP 非电量保护跳 301 开关出口
				压板编号＋保护名称＋跳＋开关编号＋出口	＊LP 非电量保护跳 711 开关出口
				压板编号＋保护名称＋出口（独立出口）	＊LP 有载重瓦斯保护跳闸出口
				压板编号＋保护名称＋出口（独立出口）	LP 本体重瓦斯保护跳闸出口
				压板编号＋保护名称＋装置检修	＊LP 非电量保护置检修
	保护屏后装置名称	1	主变保护装置	保护名称＋装置	差动保护装置
					高后备保护装置
					低后备保护装置
					非电量保护装置
	保护屏后电源开关	1	主变差动保护装置电源开关	空开编号＋保护名称＋电源	＊ZK 差动保护电源
		2	高后备主变保护装置电源开关	空开编号＋保护名称＋电源	＊ZK 高后备保护电源
				空开编号＋保护名称＋电压等级＋交流电压	＊ZK 高后备保护 110kV 侧交流电压
					＊ZK 高后备保护 10kV 侧交流电压
		3	低后备主变保护装置电源开关	空开编号＋保护名称＋电源开关	＊ZK 低后备保护电源
				空开编号＋保护名称＋电压等级＋交流电压	＊ZK 低后备保护 10kV 侧交流电压
		4	非电量主变保护装置电源开关	空开编号＋保护名称＋电源	＊ZK 非电量保护电源

B.8.9.2 测控装置

测控装置标准名称见表 B-29。

表 B-29　　　　　　　　　　　　测控装置标准名称

变电站	间隔	序号	设备	标准名称	举例
110kV	保护屏前后楹框	1	进线测控屏（单套）	电压等级＋开关名称＋测控屏	110kV 江春 711 开关测控屏
		2	进线保护屏（单套）	电压等级＋开关名称＋保护屏	110kV 江春 711 开关保护屏
		3	进线测控（保护）屏（多套）	电压等级＋线路＋保护屏（多套保护）＋编号	110kV 线路保护屏Ⅰ
				电压等级＋线路＋测控屏（多套测控）＋编号	110kV 线路测控屏Ⅰ
				电压等级＋线路＋保护测控屏（多套保护，保护测控合一）＋编号	110kV 线路保护测控屏Ⅰ
		4	一块屏上有几个电压等级的测控装置时	根据设备情况正确描述屏名	110kV 公共测控屏
	GIS 柜楹框	1	主变智能控制柜（GIS 柜）	主变名称＋智能＋控制柜	1 号主变 701 开关智能控制柜
		2	主变本体智能终端柜（主变室内）	主变名称＋本体＋智能＋终端柜	1 号主变本体智能终端柜
		3	主变汇控柜（GIS 柜）	主变名称＋汇控柜	1 号主变汇控柜
		4	110kV 线路汇控柜（GIS 柜）	电压等级＋开关名称＋汇控柜	110kV 江春 711 开关汇控柜
		5	110kV 线路保护测控屏（二条线路合一屏 GIS）	电压等级＋开关名称＋保护测控屏	110kV 西安 711 开关、安定 713 开关保护测控屏
		6	110kV 线路保护测控屏（单一线路屏 GIS）	电压等级＋开关名称＋保护测控屏	110kV 西安 711 开关保护测控屏
		7	开关智能控制柜（室内 GIS）	电压等级＋开关名称＋智能控制柜	110kV 吕钢 711 开关智能控制柜
		8	110kV 母线压变智能控制柜（室内 GIS）	电压等级＋＊段母线名称＋智能＋控制柜	110kV Ⅰ段母线压变智能控制柜

B.8.9.3 备自投装置

备自投装置标准名称见表 B-30。

表 B-30 备自投装置标准名称

变电站	间隔	序号	设 备	标 准 名 称	举 例
110kV	保护屏前后楣框	1	（电压等级分开）备自投屏	110kV（或 10kV）+备自投+屏	110kV 备自投屏
		2	备自投、电压并列屏	备自投+"、"+电压并列	备自投、电压并列屏
	装置及压板名称	1	110kV 备自投、快切	电压等级+名称+装置	110kV 备自投、快切装置
				压板编号+投+电压等级+名称	*LP 投 110kV 备自投
				压板编号+电压等级+名称备自投快切跳+开关编号+出口	*LP110kV 备自投快切跳 711 开关出口
				压板编号+电压等级+名称备自投快切合+开关编号+出口	*LP110kV 备自投快切合 711 开关出口
				编号+电压等级+快切合环方式+切换开关	5QK 110kV 快切合环方式切换开关
				压板编号+电压等级+快切合环允许	*LP110kV 快切合环允许
				压板编号+闭锁+电压等级+备自投	*LP 闭锁 35kV 备自投
				压板编号+闭锁+电压等级+备自投方式一	*LP 闭锁 110kV 备自投方式一
				压板编号+闭锁+电压等级+备自投方式二	*LP 闭锁 110kV 备自投方式二
				压板编号+闭锁+电压等级+备自投方式三、方式四	*LP 闭锁 110kV 备自投方式三、方式四
		2	10kV 快切	编号+电压等级+快切合环方式+切换开关	编号+电压等级+快切合环方式+切换开关
				压板编号+电压等级+快切合环允许	*LP110kV 快切合环允许
		3	10kV 备自投	电压等级+备自投装置	10kV 备自投装置
				压板编号+电压等级+备自投快切+跳+开关编号+出口	*LP10kV 备自投快切跳 101 开关出口
				压板编号+电压等级+备自投快切+合+分段+开关编号+出口	*LP10kV 备自投快切合分段 100 开关出口

变电站	间隔	序号	设　备	标　准　名　称	举　例
110kV	保护屏后装置名称	1	备自投	电压等级＋备自投装置	110kV 备自投装置
					10kV 备自投装置
	保护屏后电源开关	1	110kV 备自投装置电源开关	空开编号＋电压等级＋备自投＋电源开关	＊ZK110kV 备自投电源
					＊ZK110kV 备自投 110kV Ⅰ段交流电压
					＊ZK110kV 备自投 110kV Ⅱ段交流电压
					＊ZK110kV 备自投 10kV Ⅰ段交流电压
					＊ZK110kV 备自投 10kV Ⅲ段交流电压
		2	10kV 备自投装置电源开关	空开编号＋电压等级＋备自投＋电压等级＋母线编号＋交流电压	＊ZK 10kV 备自投电源
					＊ZK10kV 备自投 110kV Ⅰ段交流电压
					＊ZK10kV 备自投 110kV Ⅱ段交流电压
					＊ZK 10kV 备自投 10kV Ⅰ段交流电压
					＊ZK10kV 备自投 10kV Ⅲ段交流电压

B.8.9.4　集中型 10kV/20kV/35kV 线路保护装置

集中型 10kV/20kV/35kV 线路保护装置标准名称见表 B-31。

表 B-31　　　　　　集中型 10kV/20kV/35kV 线路保护装置标准名称

变电站	间隔	序号	设　备	标　准　名　称	举　例
110kV	屏前后楣框	1	线路保护	电压等级＋线路保护＋测控＋屏	10kV 线路保护测控屏
	装置及压板名称	1	线路保护	电压等级＋线路名称＋开关编号＋保护装置	10kV 东桥线 111 开关保护装置
		2	线路保护屏压板前	电压等级＋线路名称＋开关编号	10kV 东桥线 111
		3	线路保护	压板编号＋开关编号＋保护跳闸＋出口	＊LP 111 开关保护跳闸出口
		4	线路保护重合闸	压板编号＋开关编号＋重合闸＋出口	＊LP 111 开关重合闸出口
		5	线路保护重合闸（开入量闭锁）	压板编号＋闭锁＋开关编号＋重合闸	＊LP 闭锁 111 开关重合闸

续表

变电站	间隔	序号	设　备	标准名称	举　例
110kV	装置及压板名称	6	线路保护	压板编号＋低周闭锁＋开关编号＋重合闸	＊LP 低周闭锁 111 开关重合闸
		7	线路保护	压板编号＋遥控＋开关编号＋出口	＊LP 遥控 111 开关出口
		8	线路遥近控开关	开关编号＋远近控切换开关	111 开关远近控切换开关
	保护屏后电源开关及端子排	1	线路保护	空开编号＋开关编号＋操作电源	1ZK 111 开关操作电源
		2	线路保护	空开编号＋开关编号＋交流电压	2ZK 111 开关交流电压
		3	线路保护	空开编号＋开关编号＋保护装置电源	3ZK 111 开关保护装置电源
		4	线路保护	电压等级＋线路名称＋开关编号＋保护装置	10kV 东桥线 111 开关保护装置
		5	线路保护端子排	开关编号＋保护＋端子排	111 保护端子排

B.8.9.5　分散型 10kV/20kV/35kV 线路保护装置（开关柜上布置）

分散型 10kV/20kV/35kV 线路保护装置（开关柜上布置）标准名称见表 B-32。

表 B-32　分散型 10kV/20kV/35kV 线路保护装置（开关柜上布置）标准名称

变电站	间隔	序号	设　备	标准名称	举　例
110kV	屏前楣框	1	线路保护上柜楣框	电压等级＋线路名称＋开关编号＋保护测控柜	10kV 东桥线 111 开关保护测控柜
	装置及压板名称	1	线路保护装置	电压等级＋线路名称＋开关编号＋保护装置	10kV 东桥线 111 开关保护装置
		2	线路保护	压板编号＋保护跳闸出口	＊LP 保护跳闸出口
		3	线路保护重合闸	压板编号＋重合闸出口	＊LP 重合闸出口
		4	线路保护重合闸（开入量闭锁）	压板编号＋闭锁＋重合闸	＊LP 闭锁重合闸
		5	线路保护	压板编号＋低周跳闸出口	＊LP 低周跳闸出口
		6	线路遥控出口	压板编号＋遥控出口	＊LP 遥控出口制
		7	线路保护	压板编号＋投＋保护名称	＊LP 投过流
		8	线路保护置检修	压板编号＋置检修	＊LP 置检修
		9	线路遥近控开关	开关编号＋远近控切换开关	111 开关远近控切换开关
		10	线路控制开关	开关编号＋控制开关	111 开关控制开关
		11	线路弹簧储能开关	空开编号＋弹簧储能开关	＊ZK 弹簧储能开关
		12	线路保护信号复归按钮	保护信号复归按钮	保护信号复归按钮

变电站	间隔	序号	设 备	标 准 名 称	举 例
110kV	开关柜内电源开关	1	开关柜内	空开编号+保护+交流电压	1ZK 保护交流电压
		2	开关柜内	空开编号+操作电源	2ZK 开关操作电源
		3	开关柜内	空开编号+联锁电源	3ZK 联锁电源
		4	开关柜内	空开编号+弹簧储能电源	4ZK 弹簧储能电源
		5	开关柜内	空开编号+加热照明电源	5ZK 加热照明电源
		6	开关柜内	空开编号+计量电源+开关	6ZK 计量电源

B.8.9.6 分散型 10kV/20kV 电容器保护装置（开关柜上布置）

分散型 10kV/20kV 电容器保护装置（开关柜上布置）标准名称见表 B-33。

表 B-33　　　分散型 10kV/20kV 电容器保护装置（开关柜上布置）标准名称

变电站	间隔	序号	设 备	标 准 名 称	举 例
110kV	屏前楣框	1	电容器开关上柜楣框	电压等级+电容器名称+开关编号+保护测控柜	10kV 1 号电容器 191 开关保护测控柜
	装置名称	1	开关柜	电压等级+电容器名称+开关编号+保护装置	10kV 1 号电容器 191 开关保护装置
		2	开关柜	压板编号+保护跳闸+出口	LP 保护跳闸出口
		3	开关柜	压板编号+遥控出口	*LP 遥控出口
		4	开关柜	压板编号+保护+置检修	*LP 保护置检修制
		5	开关柜	压板编号+投+电压保护	*LP 投低电压
		6	开关柜	开关编号+远近控切换开关	191 开关远近控切换开关
	开关柜内电源开关	1	开关柜内	空开编号+保护+交流电压	1ZK 保护交流电压
		2	开关柜内	空开编号+操作电源	2ZK 开关操作电源
		3	开关柜内	空开编号+联锁电源	3ZK 联锁电源
		4	开关柜内	空开编号+弹簧储能电源	4ZK 弹簧储能电源
		5	开关柜内	空开编号+加热照明电源	5ZK 加热照明电源
		6	开关柜内	空开编号+计量电源	6ZK 计量电源

B.8.9.7 低频低压减载（独立装置）

低频低压减载（独立装置）标准名称见表 B-34。

表 B-34　　　　　　　低频低压减载（独立装置）标准名称

变电站	间隔	序号	设 备	标 准 名 称	举 例
110kV	屏前楣框	1		电压等级+低频低压减载+屏	10kV 低频低压减载屏
	装置	1	低频低压减载（独立装置）	电压等级+母线编号+低频低压减载装置	10kV Ⅰ 段低频低压减载装置
		2			10kV Ⅲ 段低频低压减载装置

变电站	间隔	序号	设 备	标 准 名 称	举 例
110kV	装置电池	1		空开编号＋电压等级＋母线编号＋低频低压减载装置电源	＊ZK10kV Ⅰ段低频低压减载装置电源
		2			＊ZK10kV Ⅱ段低频低压减载装置电源
	空开	1	低频低压减载（独立装置）	空开编号＋电压等级＋母线编号＋交流电压	＊ZK110kV Ⅰ段交流电压
					＊ZK 110kV Ⅱ段交流电压
					＊ZK 10kV Ⅰ段交流电压
					＊ZK 10kV Ⅰ段交流电压
	压板	1		低频低压减载	＊LP 投Ⅰ段低频
					＊LP 投Ⅰ段低压
					＊LP 跳 111 开关出口
					＊LP 闭锁 111 开关重合闸

B.8.9.8 其他设备

其他设备标准名称见表 B-35。

表 B-35　　　　　　　　其 他 设 备 标 准 名 称

变电站	间隔	序号	设 备	标 准 名 称	举 例
110kV	运动设备	1	通信管理机屏	通信管理机屏	通信管理机屏
		2	远动通信屏	远动通信屏	远动通信屏
		3	远动、总控屏	远动、总控屏	远动、总控屏
	交、直流电源屏	1	充电模块	直流＋充电屏＋编号	直流充电屏Ⅰ
		2	直流负载	直流＋馈线屏＋编号	直流馈线屏Ⅰ
		3	直流监控装置等其他设备屏	直流＋电源屏＋编号	直流电源屏Ⅰ
		4	蓄电池屏	电压等级＋蓄电池屏＋编号	220V 蓄电池屏Ⅰ（110V 蓄电池屏Ⅰ）
					48V 蓄电池屏Ⅴ
		5	蓄电池屏	编号	①、②、③……
		6	不间断电源	不间断电源屏＋编号	不间断电源屏Ⅰ
		7	交流电源屏	交流＋电源屏＋编号	交流电源屏Ⅰ
		8	交流负载屏	交流＋馈线屏＋编号	交流馈线屏Ⅰ
	故障录波器屏	1	故障录波器屏	电压等级＋故障录波器名称＋屏	110kV 1 号故障录波器屏
	保护信息管理机屏	1	保护信息管理机屏	保护信息管理机屏＋编号	保护信息管理机屏Ⅰ
	视频监控屏	1	视频监控屏	视频监控屏	视频监控屏
	电能表屏	1	电能表屏	电能表屏＋编号	电能表屏Ⅰ

参 考 文 献

［1］　袁公明. 工厂 3Q7S 管理［M］. 北京：中国经济出版社，2008.

［2］　中国华电集团公司. 发电企业 7S 管理［M］. 北京：中国电力出版社，2014.

［3］　李焕荣，马存先. 基于关系观的企业管理模式研究［J］. 商业研究，2006（11）：59－64.

［4］　鲁俊兵，王远洪. 小湾水电厂创建世界一流水电厂的探索与实践［J］. 水力发电，2015，41
（10）：1－4.

［5］　洪铖. 浅谈 7S 管理在电力企业中的推行［J］. 企业管理，2017（S1）：390－391.

［6］　曲立，王璐，吴竹南，等. 现场管理工具运用对现场管理绩效提升的影响［J］. 工业工程，
2021，24（5）：117－123.

［7］　黄津孚. 论现代企业经营管理之道［J］. 企业经济，2018，37（8）：5－15.

［8］　徐旭，孙建. 区域发电企业"品牌建设"路径的实践和探索［J］. 企业管理，2016（S2）：588－589.

［9］　徐志毅. 新 7S 管理模型框架与应用［J］. 通信企业管理，2003（2）：68.

［10］　周华，李淑红，陆引芳，等. 供电营业"7S"模型方式探索［J］. 华东电力，2012，40（4）：696－
699.

［11］　严小明. 浅谈乌溪江电厂五型班组建设的开展与实践［J］. 企业管理，2016（S1）：346－347.

［12］　陈雪芹，郭伟. 由班组文化建设谈文化自信的培育与形成［J］. 企业管理，2017（S2）：460－461.

［13］　唐醒雨. 实施"1234"工作法加强企业班组建设［J］. 企业管理，2017（S2）：506－507.

［14］　闵俊. 小湾水电厂运营管理实践与启示［J］. 水力发电，2015，41（10）：15－17.

［15］　金翠雁. 浅谈乌溪江水电厂标准化管理的创新与实践［J］. 企业管理，2017（S1）：398－399.

［16］　周明康. 对 7S 现场管理的探讨［J］. 工业安全与环保，2008（3）：63－64.

［17］　国网宁夏电力公司培训中心. 变电站运维标准化实训手册［M］. 北京：中国电力出版社，2017.

［18］　GB/T 33982—2017，分布式电源并网继电保护技术规范［S］.

［19］　GB/T 36291.1—2018，电力安全设施配置技术规范　第 1 部分：变电站［S］.